#hihieve demiyor mu?

HANDE BİRSAY

İNDİGO KİTAP

emiyor mu?
Hande Birsay

Baskı: Ekim 2017
ISBN: 978-605-2361-42-9
Yayınevi Sertifika No: 31594

Editör: Büşra Kanoğlu
İllustrasyonlar ve Kapak Tasarımı: Hazar Ata

Baskı
My Matbaacılık San. ve Tic. Ltd. Şti.
Maltepe Mh. Yılanlı Ayazma Sk. No: 8/F Zeytinburnu / İstanbul
Tel: 0212 674 85 28
Sertifika No: 34191

ik indigo kitap

İNDİGO KİTAP YAYIN. DAĞ. PAZ. REK. LTD. ŞTİ.
Oruçreis Mah. Tekstilkent Cad. No:10 D:Z07 Esenler/İSTANBUL
Tel: 0 212 438 17 83 • Fax: 0 212 438 17 84
www.indigokitap.com • info@indigokitap.com

İK İNDİGO Bir İndigo Kitap Yayın Dağ. Paz. Rek. Ltd. Şti. markasıdır.

Gökyüzünden gülümseyen
Bulut Öncü'ye...

Teşekkürler

Birlikte yürümekten büyük mutluluk duyduğum yol arkadaşlarım, başta kırmızı enerjili kadın, canım Nermin Mollaoğlu ve tüm Kalem Ajans ekibine,

Bir "kibarlık" vesilesiyle başlayan yolculuğumuzun başından sonuna kadar "iyi ki!" dediğim, #hihieved'e inanan Ümit Kaan Aydın, Yasin Öksüz, Büşra Kanoğlu ve tüm İndigo Kitap ekibine,

Kitaba sanatını katan, nezaket ve yetenek abidesi Hazar Ata'ya,

Yönlendirmesi, desteği, fikirleri olmasa ne yapardım bilemediğim, beni her daim cesaretlendiren Ebrar Güldemler'e,

Öngörülülerin öngörülüsü "manyak baba" Onur Gökşen'e,

Bana ilham olan hayatımdaki tüm güzel kadınlara,

Kahkaha, dert ve kader ortaklarım #hihieved takipçilerine,

İlk kahramanım annem Regaip Minareci'ye,

Çektiği en zamansız, en gerçek fotoğraf ve videolarla #hihieved'in zenginleşmesini sağlayan, en büyük destekçim, tanıdığım en iyi baba, eşim Can'a,

ve

Hayatımın en güzel, en saf, en özel yanı oğlum Kerem'e teşekkürlerimle...

İÇİNDEKİLER

BİTMEYEN VİCDAN MUHASEBESİ: ÇOCUK MU, KARİYER Mİ?

YA KUCAĞA ALINCA BAŞLAR YA DA HİÇBİR ZAMAN: BABALIK

ÇOCUK SONRASI EVLİLİK: ESKİSİNDEN DAHA HEYECANLI

BİR KADININ ULAŞABİLECEĞİ EN YÜKSEK MERTEBE: ERKEK ÇOCUK ANNESİ OLMAK

KISA KISA

Başlarken

"Allah sana senin gibi çocuk versin!"

Gelmiş geçmiş en iyi anne bedduasıdır. Benim annem bir de üstüne eklerdi: "Ne eksik ne fazla. Tam senin gibi!"

Böyle söze ne denir? Sessizlerin üstüne basa basa "İnnnnnnşallllahhh!" der, keyiflenirdim ben de. Bana kendim gibi bir çocuk dilemek, ancak bir iltifat olabilirdi.

Artık annem nasıl can-ı gönülden dilemiş ve ben nasıl inanarak istemişsem tam olarak kendim gibi bir çocuk doğurdum. Hatta belki biraz daha fazlasını.

Ama planladığım hiç de öyle değildi.

Anlatayım.

Bu işe yıllardır hazırlıklıydım bir kere. Gözlemliyor, kınıyor, duyuyor, kınıyor, okuyor, öğreniyordum. Çünkü annelik okuyarak öğrenilen bir şeydi. Çocuksuz günlerimde, bir gün çocuk sahibi olursam asla yapmayacaklarımın listesini kafamda çoktan hazırlamıştım. Çünkü annelik planlayarak yapılan bir şeydi.

Çünkü ben nasıl istersem her şey öyle olacaktı. Her şey anne babada bitiyordu, eğitim işiydi. Çocuk sahibi olana kadar "şımarık" diye yaftaladığım tüm çocukların sorumlusu ana babalarıydı. "Biz de çocuk olmuştuk", biz böyle mi büyümüştük? Avrupadakiler çocuk değil miydi? Her şeyin sorumlusu Türk anneleriydi. Genellemeler en sevdiğimdi. Neyse ki ben farklı yetilerle donatılmıştım ve başaracaktım.

Mesela benim çocuğum olursa ben "Ye" deyince yiyecek, "Uyu" deyince uyuyacaktı. Olmazsa da uykusu gelirse uyurdu, çok da dert etmeye gerek yoktu.

Acıkınca yerdi. Açlıktan ölen çocuk mu vardı? Yemek yiyecek diye peşinde elimde kaşıkla, bazen avucumda pilavla dolaşacak değildim.

Benim çocuğum asla alışveriş merkezlerine girmeyecekti, çocuğun AVM'de ne işi vardı? Kendilerini yere atan çocuklar görüyordum, yanlarında ne yapacağını bilmez, iplerini teslim etmiş beceriksiz anneleri! Ben olsam bırakır giderdim vallahi, elbet peşimden gelirdi.

Benim yavrum o zevksiz yün yelek ve patiklerden giymeyecekti, kimse örmesindi, eve sokmamdı! Filanca markanın pastel tonlardaki çocuk kreasyonu mükemmeldi.

Üç yaşına kadar asla ama asla televizyon izlemeyecekti, telefon nedir bilmeyecekti. Sen göstermezsen nereden öğrenecekti? Hiç mi kitap okumuyorlardı? Bu ne sorumsuzluktu?

Çocuklar neden uçağa biniyordu? Keşke çocuklu ailelere özel uçak yapsalardı. Mecbur muyduk? Çocuk laftan anlayacak yaşa gelene kadar uçağa binmeyecekti.

> Mesela benim çocuğum olursa ben "Ye" deyince yiyecek, "Uyu" deyince uyuyacaktı.

Anne olmak demek, kendini salmak demek değildi. Hamilelikte beş-altı kilo alır ve hepsini ya doğumda verirdim ya da hastaneden eve dönüş yolunda filan verirdim. Hepsi "ödem" olmalıydı.

En güzel kilo verme yöntemi emzirmeydi. Bir de çocukların peşinde koşmak! Röportajlarda filan öyle anlatılıyordu. Demek ki ben de yapabilirdim.

Çocuktan sonra evde kusmuk ve süt lekeli tişörtlerle, derbeder lohusa topuzuyla dolaşmayacaktım. Sonuçta sadece anne değildim. Başka kimliklerim de vardı.

İlk aylar bakıcıya gerek yoktu. Kendi çocuğuma mı bakamayacaktım? Yok artık. İşe başlamama yakın bir çözüm bulurduk. Birkaç gün önce filan. Bakıcı mı bulunamayacaktı?

Üç yaşına kadar asla ama asla televizyon izlemeyecekti, telefon nedir bilmeyecekti.

Beş ay doğum izni için yeterli bir süreydi. Her şeyi yoluna sokmak için fazlaydı bile.

Çalışmak bir kadının olmazsa olmazıydı, üretmek gerekliydi. Vicdan yapmaya gerek yoktu, çocuk da alışırdı.

Kariyer de çocuk da müthiş bir uyumla pekâlâ birlikte yürüyebilirdi. Çalışan ilk anne ben değildim herhalde. Evin kapısından çıktığım gibi annelik kimliğimden sıyrılacak ve iş kadını kimliğime bürünecek, iş yerinde asla ve kat'a çocuğa dair bir şeyler yapmayacak, beş dakikada bir evi arayıp çocuğun yaşayıp yaşamadığını kontrol etmeyecektim. Akşam olunca da iş kadını kimliğim kapının dışında kalırdı, evde sabaha kadar hepsi birbirinden çok acil e-postaları yanıtlamaz, bir yandan çocukla lego oynarken bir yandan iş görüşmesi yapmazdım. Kaliteli zaman geçirirdim. Formül basitti.

Mercimek köftesi ve insan kalabalığı kokan hastane odalarını gördükçe gözlerimi kapatıp kendi hastane odamı hayal ediyordum… Lavanta kokuları, limonata çeşmeleri, fonda Frank Sinatra çalıyordu.

Kadınların "Anne olunca anlarsın…" sözüne sığınarak düştükleri şu hâller içler acısıydı. Cehalet gerçekten mücadele etmesi zor bir durumdu.

Sonra bir gün bir şey oldu... Ben anne oldum.

Hem de beklenenden çok önce. Her şey hızla oldu. Hamile olduğumu öğrendiğimde bebek neredeyse iki aylıktı. Doğduğunda ise yedi.

Annelik, söyledikleri gibi, hamile olduğum haberini alır almaz veya doğum yapar yapmaz öyle çat diye gökten inmedi. Doğum yapar yapmaz memelerim annelik mucizesiyle bir anda dolup taşmadı. Oğlumu kablolar arasında uzaktan gördüğümde "Yavrummmmmm" diye kendimden geçmedim, hatta korktum bile. Ne olduğunu anlamaya çalıştım uzunca bir süre.

Modern dille *"Kerem's mom"*, geleneksel dille şehzade annesi, paşa annesi olamadım. "Cennet kokulum, senden öncesini hatırlamıyorum" diyemedim. Gayet iyi hatırlıyorum: Öğleye kadar fosur fosur uyuyor; herkes öğle yemeği yerken biz menemen söylüyorduk. Akı iyi pişsin ama! Akşamları eller havaya geziyorduk. Ama bu kadar mutlu değildik, ama böyle bir yaşam enerjimiz yoktu, ama bu kadar hassas insanlar değildik. Hatta bencilin önde gideniydik, ama birbirimizin bu kadar güçlü, kalbimizin bu kadar büyük olduğunu bilmiyorduk... Orası ayrı mesele! Bunları zaten hemen her yerde dinliyorsunuzdur. Ben işin öteki yüzünden bashedeceğim.

Hamilelikte hayal ettiğimin 5 katı kadar kilo aldım. Hamile pilatesi, hamile yogası filan yapamadım; geç saatlere kadar çalışıp akşamları kendimi atacak koltuk ya da yatak aradım. Gün içinde otobüs duraklarında, tuvaletlerde, sokakta bulduğum ne kadar duvar, sütun varsa sürtünüp sırtıma masaj yaptım; ofiste ayaklarımı masanın altındaki çöp kovasının üstüne sabitledim.

Öyle zıp zıp, rahat bir hamilelik yaşayamadım. Kendime Akdeniz tipi sağlıklı atıştırmalıklar hazırlayıp boş zamanlarımda bungee jumping yapamadım. Sürdüm simide tam yağlı Ezine'yi, sürdüm çikolatayı. İki canlıydım.

Hamilelikte hayal ettiğimin 5 katı kadar kilo aldım.

Doğumdan sonra sadece 2 haftada 25 kilo verip, emzirirken 35 kilo veremedim. Üstümdekiler ödem değil, basbayağı gecenin bir körü yediğim fıstıklı helvalardı. Hâliyle, püf deyince gidemediler.

Çocuklu evlerin salonlarında görüp "ıyk"ladığım o plastik çitler tüm evimizi işgal etti.

Çocuğum hiç ama hiç yemedi. Çocuğu yemeyen gözü yaşlı manyak annelerle, görüp görebileceğiniz en acıklı dram filmi çekilebilir ve bu tamamen apayrı bir kitap konusudur.

Doğumdan sonra sadece 2 haftada 25 kilo verip, emzirirken 35 kilo veremedim.

Pek çoğunun adını sanını çocuk sahibi olduktan sonra öğrendiğimiz ve çocuk eksik kalmasın diye memleketin bir ucundan en has organiğini getirttiğimiz her şey çöpe gitti. Bir lokma bile yemedi. Tadına bile bakmadı. Buğday ruşeymleri, greçkalar, nohut unları, avokadolar, agave şurupları, kinoalar, Hindistan cevizleri arasında salya sümük ağladım.

Çikolatayla mümkün olduğu kadar geç tanışacaktı; anneanne ve babaannesi rakip takımdan çıktı. Olmadı.

Eve sokmam dediğim yün yelek ve patiklerden çifter çifter ördürüp model ve renk siparişi bile vermeye başladım: "Şu teyzenin ördüğü çaprazlı olan iyiydi, ondan bi de varsa sarı örsün!"

"Televizyon izlemeyecek!" dedik, o meşhur bebek kanalındaki en aptal çizgi filmleri ezbere öğrendi.

Odasını Küçük Prens temasına uygun hazırlamıştık. Gri ve sarı tonların ağırlıkta olduğu, duvarlarında Fransızca alıntılarla hazırlanmış el yapımı tabloların olduğu o oda kısa sürede neon renklerin elli tonuyla donandı.

Fonda "Mozart for Babies" çalmayı hayal ettiğim odada "O nenni Koçari" ile horon teptik.

Küçük Prens'i ne zaman okumaya yeltensem, sırtıma çıkıp "Anne at ol, bincem!" dedi. Bindi.

Evdeki radyoyu klasik müzik ve caz kanallarına ayarlayarak bıraktım; evi hemen her aradığımda fonda İbrahim Tatlıses'ten "Yalnızım Dostlarım" çaldı.

Toplumsal cinsiyet meseleleri üzerine yıllarca yazdım çizdim; günün sonunda bakıcı ablamız oğlanı "Altın büllüklü paşam, götünü yiyeyim" diye sevdi. Hatta sonunda Kerem de "Götümü yiyim" diye dolaşmaya başladı.

Bazen eve geldim, gelmemiş gibi saklandım. Bazı akşamlar Montessori etkinlikleri yapmam gerekirken kendimi yorgunluktan odaya kapattım. Bazen banyoda işim bitti ama ben bitmemiş gibi yapıp fayans saydım.

Bazen eve gidiş yolunu uzattım. Uzun uzun patates seçtim manavdan. Kocamla "Kim ekmek alacak?" yarışına girdik, "Allah'ın adını verdim ben alayım" dedi, "Bugün ben alayım, sen iki gün üst üste alırsın söz" dedim.

Bir bakışımla mum olacak çocuk, ortamlarda beni kaleciye çevirdi. Kan ter içinde bir o yana bir bu yana koşturdu. Bizi izleyen çocuklu aileler, çocuklarının başından öperek şükür çekti. Bazen de sadece gözleriyle kınadılar. Hiçbir şey yapmadan. Çocuksuz olanlar da tıpkı yıllar önce benim baktığım gibi baktılar bana.

Küçük Prens'i ne zaman okumaya yeltensem, sırtıma çıkıp "Anne at ol, bincem!" dedi. Bindi.

Tüm bunlar yetmiyormuş gibi bir de her cephede yeni anne dedektörleriyle savaştım. Ummadığın yerden ummadığın zamanda çıkan, sizi kokunuzdan tanıyan o dedektörler.

Bazen parkta, bazen markette, bazen akraba ziyaretinde, bazen yolda, bazen sosyal medyada, bazen tam da sizin evinizde.

Cinsiyetleri değişir ama ekseriyetle kadınlardır. Çoğu da annedir. Ortak özellikleri her şeyi çok iyi biliyor olmaları ve bu bilgilerini "tamamen iyi niyetle" aktarıyor olmalarıdır. Dudakları, iyi olabilecek hiçbir şeyin sizden çıkmasına ihtimal vermeyecek şekilde aşağı doğru bükük ve umutsuzdur.

Birinci aşama danışmanlık alanları bekârlar üzerinedir.

"Evlilik ne zaman?" ile başlarlar.

İkinci aşama, evlenmişsindir ama o hâlâ ikna olmuş değildir. Bu sefer "Çocuk ne zaman?" ile girer konuya. Doğum yaptığınızda ise en verimli çağınıza girersiniz bu tipler için. İlk çocuğu doğurunca o bitmeyen döngü başlar: "Kardeş ne zaman?"

Hamile bile olabilirsiniz "Kardeş ne zaman?" sorusunu duyduğunuz vakit. "E zaten ama işte…" diyecek olursanız, yanıtlar peşpeşe gelir. Bir yetmez, hatta neredeyse bir yapacağına hiç yapma daha iyidir, ikinin hatrı kalır, üçün boynu bükük. Yalnız mı büyüyecektir, araları çok açılmasındır, birbirlerine dost olurlar, halasız, amcasız, dayısız mı kalacaklardır?

Ve bebekli bir kadın gördüler mi içlerinden taşan, bastıramadıkları o kilit soruyu sorarlar:

"EMİYOR MU?"

Ardından çocuğu gözleriyle tartarlar ve gerisi çorap söküğü gibi gelir:

"Nasıl doğdu?"

"Erken mi doğdu? Durmadı mı?"

"NORMAL NORMAL NORMAL NORMAL doğurdun değil mi?"

"Anne sütü ver."

"Sütün üşür."

"Mama zehir."

"Niye ağlıyor?" (En sevdiklerimden)

"Bu çocuk aç."

"Bu çocuk üşür."

"Fazla giydirmişsin, ateşi çıkacak."

"Hava soğuk, çocuğu çıkarıp hasta etme."

"Bunun kulağı ağrıyor."

"Kucak istiyor annesi bu, kokunu arıyor."

"Annesi bu kucağa alışmış, yandın."

"Sen daha dur, bunlar iyi günlerin." (Her yaş grubunda işliyor)

"Hımm küçükmüş, kaç aylık?"

"Daha dönmüyor mu?" (Hayır sen kınayınca dönecek)

"Organik besliyorsun değil mi?"

"Erkek çocuğa pembe alma; araba al, silah al ama tabak çanak alma."

"Saçını kestir, erkek çocuk uzun saçlı olmaz."

"Çalışıyor musun onun ihtiyacı sensin ama..."

"Çalışmıyor musun ama üretmen, örnek olman lazım..."

Uzar gider. Anneliğimin ilk zamanlarında kendimle ve kitaplardan okuyup da "Böyle bir anne olacağım" diye yemin ettiğim, ancak çok kısa sürede tarumar olan mükemmel annelik hayallerimle savaştığım yetmiyormuş gibi bir de yeni anne dedektörleriyle savaştım; bu topraklarda doğuran tüm analar gibi.

Sonra kendimden ve tüm bunlardan rahatsız olmamaya, hatta kendi üzerimizde kurduğumuz ve çevreden gelen tüm bu baskılarla eğlenmeye; başta kendime, tüm büyük konuştuklarıma, hepsine #hihieved demeye başladım.

Mükemmel annelik beni teğet geçti.

Annelik deneyimimde hiçbir şey, herkesin her şeyi bildiği ve anlattığı gibi olmadı.

Mükemmel annelik beni teğet geçti.

İyi ki de geçti.

Hormonlarıyla, ruhsal ve fiziksel bin bir sıkıntıyla savaşan her yeni annenin, anne olmayan, anne olmak isteyip de olamayan, anne olmak istemeyen herkesin tek ihtiyacı var: Empati.

Evlenip evlenmeyeceği, doğurup doğurmayacağı, ne zaman ve neyle "kutsal" olacağı, nasıl ve kaç tane doğuracağı, nasıl bir anne olduğu, emzirip emzirmediği, ne zaman zayıflayıp ne zaman ve ne kadar kilo alacağı kendisinden başka kimseyi ilgilendirmez. İlgilendirmemeli. Hele minibüsteki teyzeyi, hiç.

Evet, annelik çok güzel bir şey, evet, başıma gelen en güzel şey ama pek çok kadın ya da anne için bir kutsallık mücadelesi değil.

İşler çığrından çok çıkar gibi olduğunda şunları hatırlatıyorum kendime:

Evet, annelik çok güzel bir şey, evet, başıma gelen en güzel şey ama pek çok kadın ya da anne için bir kutsallık mücadelesi değil.

Evet, çocuğunuz hayatınızdaki her şeyden değerli ama milyonlarca çocuktan sadece biri.

Kendi deneyiminizde tüm biricikliğinize karşın, tıpkı sizin de dünyadaki milyonlarca anneden biri olduğunuz gibi.

Evin salonunda kaykılmış hâlde, kusmuk lekeli tişörtümle otururken hâlime bakıp "Böyle mi olacaktı?" diyerek açtığım, bugün yüz binlerce kişiyle buluşup dertleştiğim ve aslında kendime söylediğim "Yalnız değilim, olmamalıyım"ı her gün yüzlerce kişiden "Oh be!"ler eşliğinde duyduğum "hihieved" isimli instagram hesabı, bugün elinizde tuttuğunuz bu kitaba dönüştü.

Bu kitabı kimseye rehber olmak için yazmadım. "Doğrusu budur, yanlışı orada!" demek için yazmadım. Mükemmel olmak için uğraşan, bu yolda emek sarf eden annelere "tü kaka" demek için yazmadım. Anne-baba olmayanları korkutmak için de yazmadım.

Annelik yarışının uzağında kalmaya gayret eden, çocukları üzerinden anneliğini yarıştırmayan, kendisi iyi olursa çocuğunun zaten iyi olacağına, daha iyinin sonunun olmadığına inanan ve kendisi dâhil çevresindeki tüm "iyi niyetli"lere #hihieved deme cesareti bulanlara "Ben de buradayım" demek; her şeyi fazla ciddiye alanlara, benim gibi bir dönem almışlara "Gülümseyin, yazıyorum!" demek için yazdım.

Yeni annelere minik bir nefes olması umuduyla yazdım.

Uykusuz gözlerden, siyah taytlardan, uzun hırkalarınızdan öperim.

Hande Birsay

Nostalji Kuşağında Bugün

"O eski hâlimden eser yok şimdi"

"Evlilik kilo aldırır!" diye bir söylenti var; bir gün asla bu kervana katılmayacağımızı biliyorum. Tam olarak anlayamıyorum da niye ki? Sen gelinliğe/damatlığa kadar fit kal, sonra çayırlara sal. Her şey o gelinlik ve damatlık için miydi? İnsanın kendisine saygısı olmalı her şeyden önce. Açıp açıp nişan&düğün fotoğraflarına içlenerek bakanlar var, asla yapmayacağıma adım gibi eminim.

Baksam baksam, "Yıllar bize yaramış, iyi ki hızla geçmişler." der, kapatırım.

Geçen zaman bize tersine etki edecek, koltukta gevreyerek "Dondurma mı getireyim, cips mi?" diye sordurtmayacak. Öyleleriyle bir araya da gelmiyoruz.

Ancak otobüste filan karşılaşırız, o da belki. Görsem akbil basmam.

Binmesin.

Bir Kadına Bahşedilmiş En Mucizevi Görev: Annelik

“Çocuk ne zaman çocuk?”

Merhaba!

Aslında tanışıyoruz. Yani bir gün bir yerde mutlaka karşılaşmış olmalıyız. En kötü, uzaktan methimi duymuşsunuzdur.

Ben, bulduğu ilk fırsatta ortamlarda “Eee çocuk ne zaman çocuk?” diyen o ‘iyi niyetli’yim. Çoğunlukla kadın, bazen de erkeğim. Ekseriyetle dış kapının mandalı, bazen anne, bazen arkadaş, bazen yakın, bazen yedi göbek uzaktan akrabayım. Cinsel sağlık, evlilik terapisi ve kişisel gelişim alanlarında ileri seviyede uzmanım ve bu konularda danışmanlık veriyorum.

Genelde evlilerin yanına ilişiyor ama bekârları da boş geçmiyorum. Çocuk sahibi olmanın ne kadar mükemmel bir şey olduğundan bahsedip kadınlara mutlaka doğurmaları gerektiğini, bunun yaşayıp yaşayabilecekleri en güzel deneyim olduğunu söylüyorum. Çünkü bende öyle oldu.

"Özel konular ehe..." deyip kem küm eden olursa "Özel değil, genel genel!" diye dayılanıyorum.

Evlilerse ve birkaç ay geçmişse "Olmuyor mu sizin?" diye girdiğim de oluyor konuya. Çünkü bir evlilikte çocuk yoksa, olamadığı içindir diye düşünüyorum. Olmuyorsa ona da çarelerim var ayrıca.

Oluyor ve buna rağmen istemiyorlarsa "Ohoooo ben ne çocuk istemiyorum diyenler gördüm! Biyolojik saat diye bir gerçek var. Yaş geçiyor. Pişman olursun ve o zaman çok geç olur. Erkek adam hep baba olur. Ama sen olamazsın. Çocuksuz olmaz; çocuk evin çiçeği, böceği, kokusu. Ben de eskiden öyle diyordum ama öyle olmuyor. Evlilik bir süre sonra yetmiyor, kediyle, köpekle, balıkla aile olunmaz. Biz çocukla tam olduk. Peki ya anneniz, babanız? Onları da mı düşünmüyorsunuz? Torun görmek onların da hakkı. Peki ya yeğenler? Onlar arkadaşsız mı büyüyecek? Peki ya eltin, görümcen? Onlar her sene doğururken sen Kilyos'a pikniğe mi gideceksin? Kaç yaşına kadar gezebilirsin? Soyunuz nasıl devam edecek? Elden ayaktan düştüğünde size kim bakacak? Sizi huzurevine kim kayıt ettirecek? Ayrıca annelik is the new black" diyorum.

Susmuyor, susmuyor, susmuyorum. Çünkü her şeyi en iyi ve en çok ben biliyorum. Sosyal medyadaki çeşitli mesajlaşma programları üzerinden yazışarak danışmanlık veriyorum. Çocuklu ortamlara yanlışlıkla yalnız girdiğinizde yanınızda bitmemi isterseniz ücret değişiyor.

İkinci seviye "Kardeş ne zaman?" ve başlangıç seviyesi "Evlilik ne zaman?" danışmanlık hizmetlerim için kaydınızı geç olmadan yaptırın, yerler hızla doluyor!

Büyülü 9 Ay: Hamilelik

Hamilelikte beslenme: Her gün bir avuç helva

Hamilelerin -hele bir erkek çocuğa hamileyse- ciddi oranda el üstünde tutulduğu, hamileye kol kanat germe eğiliminin hakim olduğu geleneksel toplumlarda 9 ayı dergilerdeki ve kitaplardaki gibi fit şekilde tamamlamak hiç de kolay bir iş değil. İş yine kadınlara düşüyor. Hemen her konuda olduğu gibi. Ne mutlu kadınlara!

Hamilelik sonsuz özgürlük dönemi değildir. Bu süreçte nefsinizi kontrol edecek, kendinize sahip çıkacaksınız. İki canlısınız diye iki kişilik yemeye kalkarsanız balona dönersiniz. Sonra bir bakarsınız hepsi üstünüze yapışmış!

Ben hamilelik döneminde ciddi anlamda dikkat ederek sadece iki kilo almıştım. Doğumda dört kilo verdim, emzirme döneminde de yedi. Bu netice sürpriz değil. Elbette genetik şans faktörü de var ama bir o kadar da özveri ve alın teri.

Bu fotoğraf da "babamızın" çektiği, salata yediğim karelerden biri.

Görüldüğü üzere her zaman da bakımlıydım. Çünkü hamilelik... Çünkü kitaplar, dergiler, çok bildiklerim, içsel yolculuğum, ruhum ve bedenim...

En kötü huyum, mükemmeliyetçiliğim.

Porselen vazo değilsiniz, sadece hamilesiniz

Bizim gibi geleneksel memleketlerde hamile olmak demek; yiyip içip yatmak olduğu kadar aynı zamanda pamuklara sarılmak, emsalsiz bir mücevher taşıyormuşçasına hassas olmak, hayatı bu mücevhere göre değiştirmek demek. Hâlbuki çiş yapmak, yemek yemek ne kadar doğal olaylarsa hamilelik de o kadar doğal ve normal bir durum. Çift çizgiyi gördüğünüz o andan itibaren unutulmaması gereken bir şey var: Kırılacak porselen bir vazo değilsiniz; sadece hamilesiniz. Yaşasın genellemek!

Ben mi? Ben aşırı rahat bir hamilelik serüveni geçirdim. Serüven diyorum, çünkü doğuma kadar bir an olsun yerimde durmadım. "Rahat anne, rahat hamilelik, rahat bebek" mottosunu benimsedim. Ki bu, beni en iyi anlatan ve kitabın ilerleyen bölümlerinde de sıkça rastlayacağınız annelik yaklaşımımın çıkış noktası.

"Aşırı rahat"tan ne anlamalıyız? 9 aylık hamileyken bench press basıyordum. Doktor kontrolünde ekstrem sporların hemen hepsini yaptım. Paraşütle atlama, rüzgâr sörfü, dağcılık... "Bir gün bungee jumping yaparken gelecek bebek" diye gülerdik eşimle hep. Öyle de oldu. Kerem'i aşağıdan tuttular.

Hamilelik sürecinde ne midem bulandı, ne ağrım oldu ne de bulduğum her yerde salyalı uykulara daldım. Eski hayatıma göre tek fark önümdeki çıkıntıydı. Hatta unuttuğum bile oluyordu: "Ayyy hayırlı olsun!" diye bana doğru yaklaştıklarında bazen "Ne için hayırlı olsun? Haa bebek ha ha ha ha..." diye gülüyordum. Dalgınlıktan değil, durumu normalleştirdiğimden.

> Doğuma kadar bir an olsun yerimde durmadım. "Rahat anne, rahat hamilelik, rahat bebek" mottosunu benimsedim.

Hareketli olmanın en büyük faydasını elbette doğumdan sonra gördüm, doğum yaptıktan sadece iki gün sonra eski hayatıma döndüm. Evimle de, kendimle de, eşimle de, çocuğumla da ilgilendim; sosyal hayatımı da ihmal etmedim. Enerjim ve moralim hep yerinde, çoğunlukla zirvedeydi.

Bu pozitifliğin en büyük etkenlerinden biri, sürecin başından beri nefes terapileriyle güçlendirdiğim, daha da sağlamlaştırdığım ruhsal ve bedensel bütünlüğüm, bir diğeri de bu doyuma ulaşma hâlini tamamlayan "emzirme"dir.

Her yere, her şeye ve herkese sorunsuz yetiştim ve bunu durmaksızın emzirerek başarabildiğim için kendimle gurur duyuyorum. 12, hatta 22 yaşına kadar da emzirmeyi düşünüyorum. Emzirdikçe yenileniyor ve gençleşiyorum.

İlham verici hamilelik hikâyemle sizi motive eder gibi görünüp aslında derbeder topuzunuz, dizi çıkmış pijamalarınız, kan çanağı gözleriniz, yumuş yumuş memeleriniz ve "slime" kıvamındaki göbeğinizle sizi bunalımdan bunalıma koşturmayı ve kendimi daha da mükemmel hissetmeyi amaçladım. Çünkü mükemmel annelik bunu gerektirir.

Dilerim işe yaramıştır.

“42 kiloyla hamile kaldım; çıktığımda 35’tim!”

Merhaba!

Ben hamile olduğu haberini aldığım kadınların yanında biten iyi niyetli hassas teraziyim. Bazen bir arkadaş, bazen bir doktor, bazen bir anne, bazen bir komşu, bazen bir park teyzesi, bazen bir otobüs teyzesi, bazen bir market teyzesi, bazen de kendi karımdan/bacımdan örnekler veren alakasız bir adam, sokak kedisi, bir balık, ağzı olan herkes ve her şeyim.

Hamile görür görmez dayanamıyor, “**Nasıl gidiyor hamilelik? Kaç kilo aldın?**” diyerek söze giriyorum. O sormadan kendimden örnek verip **“Ben 150 kilo ile hamile kaldım, 250 kilo ile doğuma girdim; düzenli beslenme ve egzersizle sadece 1 hafta sonra 57 kiloydum.”** diyorum. Ağzının boş olduğunu görürsem “Sen iki canlısın” diyerek ağzına bir şeyler tıkıştırıyor, **“Şimdi yemeyeceksin de ne zaman yiyeceksin, al şu budu cebine at.”** diyorum.

"Ben 42 kilo ile hamile kaldım, hamilelikte düzenli beslenme ve egzersizle sadece 2 kilo aldım, doğumdan çıktığımda 35'tim."

Hamileliklerinde çok kilo aldığını gözlemlediğim kadınlara "Daha ilk aylarda böyleysen, sonlara doğru ne yapacaksın? **Son haftalarda her saat başı 8 kilo alınıyor."** diyorum. Yine onlar sormadan kendimden örnek verip "Ben 42 kilo ile hamile kaldım, hamilelikte düzenli beslenme ve egzersizle sadece 2 kilo aldım, doğumdan çıktığımda 35'tim." diyorum.

Bazı hamilelerin sosyal medya postlarının altına "Hamilelik yaramış", "Yanaklarından anlamıştım hamile olduğunu…" diye gülümseyerek alttan alttan can sıkıyorum. Tatlı ve yemek yerken bir fotoğraf koyduysa **"Bunlar bebişe gitmez, sana kalıııır**!" diyerek burnundan getirmeye özen gösteriyorum. Çünkü benim üstüme vazife. Hâlbuki benim gibi Akdeniz tipi beslenseler böyle olmayacaktı.

"Nasıl gidecek bu kilolar?" diye gülümseyerek laf soktuklarım, "Nasıl gitsin isterdin?" diye sorarlarsa son çare olarak emzirmeyi öneriyorum. Ben emzirirken kilo verme işini öyle abartmıştım ki, **sadece emzirmeyle dakika başı 1 kilo verdikten sonra bir dönem yok olmuşum, beni bulamamışlar.**

İşte benim lüzumsuz hikâyem.

Hayatınızın bir döneminde hamile kaldıysanız, hamileyseniz mutlaka bir yerlerde karşılaşmışızdır ve hikâyemi dinlemişsinizdir. Ben de sizi tanıyor gibiyim.

Göbek mi o bıngıl bıngıl sallanan?

Bebeğimi beklerken

Hamileliğin en keyif aldığım "yapılacaklar listesi" işi, kuşkusuz bebek odası hazırlığıydı.

Bebek odası hazırlamak, hayallerini gerçeğe dönüştürmek, emek emek inşa etmek dünyanın en eğlenceli işlerinden biri!

Ben bebeğimin odasını hazırlarken pastel tonlara ağırlık verdim. ("Ben ve bebeğim" olarak bahsediyorum diye umarım babalar alınmıyordur. Bebek sonuçta annenin, öyle değil mi? Tıpkı düğünün gelin için olması gibi.) Dinlendirici, uykuya geçişi kolaylaştırıcı, aynı zamanda oyuna da müsait, renklerini doğadan alan, huzuru çağrıştıran, dingin bir alan yaratmak istedim. Ne demek istediğimi ben daha ağzımı açmadan anlayan iç mimarımız tıpkı hayallerimdeki gibi bir oda yaptı. Eh, bize de keyfini sürmek düştü.

Bazen hayvanat bahçesi mi sirk mi anlayamadığım, bakarken yorulduğum bebek odaları görüyor; gördüklerimi unutmak için gözlerimi 3 dakika boyunca kapalı tutarak burnumdan nefes alıyorum ama aldığım nefesi geri vermiyorum.

İşe yarıyor.

Mercimek köftesi kokuları arasında: Hoş geldin bikbik bebek!

Sağlıklı, özenli ve oldukça rahat geçen hamilelik serüvenimden sonra sıra geldi o "büyük gün"ü anlatmaya...

Sizi, küçük mucizemize kavuştuğumuz o güne götürmek istiyorum. Pastel tonlardaki pek çok kare içinden, ışığımla göz kamaştırdığım bu kareyi seçmek istedim.

Şölen havasında geçen o cuma, dün gibi aklımda. Bu kareye her baktığımda kulağıma tatlı tatlı Frank Sinatra, Dean Martin çalınıyor uzaktan. Cildim ayrı bir parlıyor; saçlarım yumuşacık, her karede ayrı bir güzel bakıyorum; doğumla birlikte giden ödemle yüzüm, vücudum kendine gelmiş. Hamilelikle gelen anne güzelliği doğumla nasıl da taçlanıyor; doğanın bir mucizesi bu diye geçiriyorum içimden.

Burnumda fırından taze taze çıkmış grissinilerin, soğuk sıkım meyve suyu çeşmemizden yükselen tazeliğin kokusu... Minik kadehlerde leziz ve modern ikramlıklarımız... Sakin, huzurlu ve sadece çekirdek aileme ait olan o kutsal doğum odası. Bizim küçük, tatlı ipek kozamız.

Bir ara yürüyüş için koridorda dolanırken kapısı açık olan ve biraz görebildiğimiz yan odayı hatırlıyorum da bazen... Yaprak sarması, bol soğanlı kesif kısır kokusu, mont yığınları, odanın bir aylık kirasını vermiş gibi oturup da gitmeyenler, anneyi, bebeği öpmeye kalkanlar, anne emzirirken odadan çıkmayanlar, ömründe ilk kez meme görenler, annenin bi zortlamasına izin vermeyenler, lohusadan çok lohusa ziyaretçiler, darmadağın bir anne, susmadan ağlayan bir bebek... "Ne dramlar var!" deyip lavanta kokulu odamıza geri dönmüştük.

O anne şimdi kim bilir nerede, ne yapıyordur? Dünya küçük, belki tanıyanlarınız vardır; görürseniz onu benim için öpün olur mu?

Bebeği "tutamayanlar": Prematüre anneleri

Merhaba!

Yine ben! Çevremdeki prematüre bebek anneleriyle paylaştığım tavsiyeleri sizinle de paylaşmak istiyorum. Çünkü bilgi, paylaşıldıkça çoğalır.

Hastaneye ilk gittiğimde fırtına gibi odaya girerim; panik hâlinde sorduğum ilk soru, "Bebek şimdi nerede?" olur. Yoğun bakımda olduğu yanıtını alınca, "Ne kadar kalırmış?" diye sorar; çocuk yoğun bakımdan çıkana kadar her gün mutlaka "Ne zaman çıkacak?" diye anne ve babayla iletişime geçerim. Belli olmadığı yanıtını aldığımda ahlarım ve vahlarım; ancak pes etmem "Neden erken doğdu? Ne oldu?" deyip hikâyeyi en başından en sonuna yeniden anlattırırım. Dinlerken yüzüm şekilden şekile girer ve mutlaka arkadaşımdan/kaynımdan erken doğum örnekleri veririm. "O da erken doğdu ama gözünde bi sıkıntı var, bi de iyi duymuyor. Siz baktırdınız değil mi?" diye sorarım. Veya "Falancanınki de bu haftalarda doğmuştu ama tutunamadı yavrucak…" derim, içlerine su serpilir.

Tabii ki nasıl doğduğunu sorar; aceleyle sezaryenle alındığını duyduğumda "Yine de normal olmuyor muydu? Bizim arkadaşınkini normal doğurttular." derim.

En önemli sorumu bazen en sona saklar; bazen hemen sorarım: "Sütün var mı? Onun şimdi tek ilacı senin sütün." derim. Sütü gelmemiş/kesilmişse lafımı da geri alamam. Ne yapalım, sütü olsaydı.

"Sütün var mı? Onun şimdi tek ilacı senin sütün." derim. Sütü gelmemiş/kesilmişse lafımı da geri alamam. Ne yapalım, sütü olsaydı.

Çocuğu büyüdükçe, fiziksel gelişimini ve motor becerilerini yaşıtlarına göre kıyaslar ve hemen yine gözlerimle persentil hesaplaması yapar "Minik duruyor." derim; "Ha daha dönemiyor mu?" derim. İnanmazsınız, ben söyleyince hemen kilo almaya ve dönmeye başlayan bebekler oldu.

Hamile arkadaşlarıma içinde oldukları haftayı sorup, erken doğuran bu diğer tanıdıkların hikâyesini anlatırım durup dururken. "32. Haftadayım…" mı diyor, "Aa Müge de 32'de doğurmuştu!" derim. Dikkatli olsunlar, ellerinde olan bir şey çünkü. Yeteri kadar baş üstü yoga duruşu yapsalardı gelmezdi belki.

Hayret bir şey.

Hayat Artık Eskisinden Daha Güzel: Lohusalık

"Emiyor mu?"

Merhaba!

Deneyimli annelerin yeni annelere aktaracağı çok şey olduğuna inanıyorum. Parkta, sokakta yanında bebeğiyle bir anne gördüğümde hemen yanaşıyorum. Önce **"Ne kadarlık?"** diye soruyorum. Hemen kendi çocuğum/arkadaşlarımın çocuğundan örnek verip "Bizimki de x aylık..." diyorum, o sormadan. Bilsin. Söylediği ayın persentilinde olup olmadığını gözlerimle tartıyor ve "Aa daha küçük duruyor." diyorum. Şüphelenip konuyu beslenmesine getiriyor ve **"Emiyor mu?"** diye soruyorum. Emiyorsa rahatlıyorum. Mama veriyorsa çok kızıyorum. Sütü var ve vermiyor. Hurma yese gelecek sütü, kolaya kaçıyor.

Sızlanır gibi olursa veya sızlanmasa da **"Bunlar daha iyi günlerin, tadını çıkar."** diyorum. "Ay sen bi de ayaklanınca gör, azıları çıkınca gör, terrible 2 ne ki, terrible 5, horrible 12 var!" diyorum.

Tek çocuklulara "Tek çocuk hiç çocuktur, kardeş şart!" diyorum.

Annenin çok yediğini görürsem ya da sosyal medyaya bir pasta vs. fotoğrafı koyduysa gülücüklü emojiyle çat yapıştırıyorum yorumu: "Maşallah iştahın da pek açık! Nasıl gidecek bu kilolar?" Çünkü bu benim üstüme vazife. Öyle düşünüyorum. Çocuğun kıyafetleri gözüme yeterli gelmezse "Üşümüyor mu o?" diyorum. Çocuk ağlıyorsa **"Karnı aç"**, **"Kucak istiyor, onu kendinden mahrum etme"**, **"Kucağa alıştırmışsın"**, **"Kucağına alabiliyorken bol bol al."** diyorum. Bu konuda ne dediğim değişiyor. Sohbetimiz biraz ilerleyince "Nasıl doğdu?" diyorum. Sezaryense ağzımı büzüp yüzümü ekşitiyorum. "Uyutmak için zorlamasana çocuğu, bırak uyumasın." diyorum. Bazen de "Uyku eğitimi ver." diyorum. İşte benim bir günüm. Tamamen **iyi niyetle tecrübe aktarımı** yapıyorum. Her yerdeyim ben. Bazen yalnız, bazen biriyleyim. Görseniz hemen tanırsınız. İyi niyetimden tanırsınız.

> "Tek çocuk hiç çocuktur, kardeş şart!"

Bir lohusanın en büyük ihtiyacı: Diğerleri

Ah nostalji, ne güzel şeysin sen.

Eski fotoğraflara bakmayı, kâh hüzünlenip kâh gülümsemeyi çok severim.

Kerem'in bebeklik fotoğraflarına bakıp "Ne tatlı zamanlardı..." diye iç geçiriyorum sık sık. Yüzümde tarifsiz bir tebessüm.

Bu kare de onlardan biri. Kerem burada kâğıt üstünde 3 aylık, ama prematürelik müessesine göre 'düzeltilmiş olarak' 1 aylık. Sütler şelale. Sağ memeden 30 dakika emmiş, sol memeden 40 dakika emmiş. Bana yine de yetmemiş, depoladığım sütlerden birini biberona doldurup vermişim. Kerem mutlu ve rahat. Çünkü mutlu ve rahat anne, mutlu ve rahat bebek.

Yeni annelik pırıltısı her yanımı çevrelemiş. Her zamanki gibi bakımlıyım, dinlenmişliğin getirdiği ışık yüzümden sekip fotoğraf karesine yansımış.

Hatta bu fotoğrafın çekildiği anı da çok net hatırlıyorum: "İnşallah ev bugün de ziyaretçilerle dolup taşar ve hepsi sütümün olup olmadığını sorar ve en az bir saat otururlar." diye içimden geçirmiştim.

Çünkü biliyorsunuz bir lohusanın en temel ihtiyacı, diğerleri.

Yeni annelik pırıltısı her yanımı çevrelemiş. Her zamanki gibi bakımlıyım, dinlenmişliğin getirdiği ışık yüzümden sekip fotoğraf karesine yansımış.

"Gelmeyen süt yoktur; amuda kalkmayan anne vardır."

Bir lohusanın belli başlı ve en önemli görevi -elbette bitip tükenmeyen misafirleri ağırlamaktan sonra- süt üretmektir.

Anne sütü konusundaki hassasiyetimden bir önceki bölümde kısaca bahsettim; bu bölümde ise meseleyi biraz daha ayrıntılandırarak kendi deneyimlerim ışığında, işinize yarayacağına ve ilham vereceğine inandığım önemli ve pratik bilgiler vermek isterim.

Doğurduğum gün, dün gibi. (Doğum yapmak değil, doğurmak demeyi tercih ediyorum. Sezaryen ile çocuğunu dünyaya getirenleri tanımlamak için de "doğum yaptı" veya "doğurdu" değil "Bebeğini sezaryenle aldırdı" diyorum.)

Bebeğim geldi; memelerim o saniye fişek gibi sütle doldu. Başka bebeklerin uğraştırdığı gibi uğraştırmadı da miniğim, maşallah memeyi hemen tuttu. Koku alma başta olmak üzere tüm güdüleri çok keskin ve güçlüydü. Hâlâ da öyle küçük bilgem.

"Üçüncü gün süt gelişi artar." dediler, üçüncü günle birlikte gerçekten vaziyet önlenemez bir hâle geldi. Günde 23 saat hem emziriyor hem sağıyordum. 1 saat uyku fazlasıyla yetiyordu.

Beşinci günü hiç unutamam, defterime de not almışım. Buzluğu açtım ve açmamla birlikte süt poşetleri paldır küldür üstüme düştü. O gün "Bu böyle olmayacak" dedik ve süt için özel bir derin dondurucu aldık.

Doğum yapmak değil, doğurmak demeyi tercih ediyorum. Sezaryen ile çocuğunu dünyaya getirenleri tanımlamak için de "doğum yaptı" veya "doğurdu" değil "Bebeğini sezaryenle aldırdı" diyorum.

Kerem bugün 2.5 yaşını geçti ve elbette hâlâ emziriyor ve düzenli sağıyorum. 22 yaşına gelene kadar da emzirmeyi düşünüyorum. Anne sütünden bugüne kadar yoğurt, peynir, puding, her türlü sütlü tatlı, çikolatalı pasta, yayla çorbası, alinazik, büryan ve patlıcan oturtma yaptım.

Dondurduğum sütlerin bir kısmını mücevhere dönüştürdüm; gerdanlık ve küpe olarak kullanıyorum. Daha özgün, daha değerli ve eşsiz bir ziynet eşyası düşünemiyorum. Çocuğumun saçlarından yaptırdığım bileklik dışında elbette.

Sütümle olan bu kontrolsüz ilişkimi anlatmak için yeni doğum yapmış herkesle muhabbet kuruyor ve bir şekilde konuyu sütüme ve onların yetersizliğine getiriyorum. Her yeni anne benim sihirli sorum olan "Emiyor mu?"yu mutlaka duyuyor. Sütün kalitesini, bebeğin doyup doymadığını uzaktan anlayabiliyorum. Parklarda geziniyor, biberon alan bebek görünce "MAMA DEĞİL O, DEĞİL Mİ?" diye gözlerimi belertiyorum.

Dondurduğum sütlerin bir kısmını mücevhere dönüştürdüm; gerdanlık ve küpe olarak kullanıyorum.

Annelerin de eldiven takmalarını önemsiyorum, sütleri üşüyebilir. Yaz annesi olsalar bile hırka, çorap ve eldiven takmalı ve ilk birkaç sene hiç cam açmamalılar. Gaz sorununun önüne geçmek için de mümkünse tüple beslenmeleri en iyisi.

Sonuçta unutulmamalı ki gelmeyen süt yoktur, amuda kalkmayan anne vardır.

Sokaklardaki gizli tehlike: Süt terörü

İki sene önce bugünler... Sevgili eşimle ağız tadıyla balık yemeğe gitmişiz. Yan masamızda bebekli bir çift. Bebek ağlıyor, anne baba nöbetleşe yemek yemeye çalışıyor, bebek susmuyor. Kolikmiş. Yeni yeni icatlar çıkardılar. Ne yapalım yani? Kadın ne idüğü belirsiz bir şey attı üstüne ve iki büklüm vaziyette ağlayan bebesini emzirmeye çalışıyor. Çocuk ne emiyor ne susuyor.

Be kadın, senin o vaziyette sokakta işin ne? Girdiğin şu hallere bak. Mecbur muyuz biz tereyağlı karides yerken şu manzarayı çekmeye?

Bir de üstüne karı koca birbirlerine girdiler! Restoranda değil de gerilim filmi izlemek üzere sinema salonundayız sanki.

Be kadın, senin o vaziyette sokakta işin ne? Girdiğin şu hallere bak. Sütlüysen -ki sütlü olmalısın- evinde otur. Haydi bir cesaret çıktın, orada mı yapılır bu iş? Git bir sürü boklu tuvalet var, oralarda yap. Mecbur muyuz biz tereyağlı karides yerken şu manzarayı çekmeye? Nitekim Can da açtı telefonu, çekti fotoğrafını kadının.

O gün bugündür şikâyet edeceğiz ama tam olarak kime şikâyet edeceğimizi bilemedik, elimizde fotoğrafla kaldık.

Peki ya siz, nereden ne zaman çıkacağı belli olmayan, sokaklardaki gizli tehlike 'süt terörü' hakkında ne düşünüyorsunuz? Gelin el verin, toplumun ahlak ve refahını bozan bu insanlara tüm gücümüzle dur diyelim.

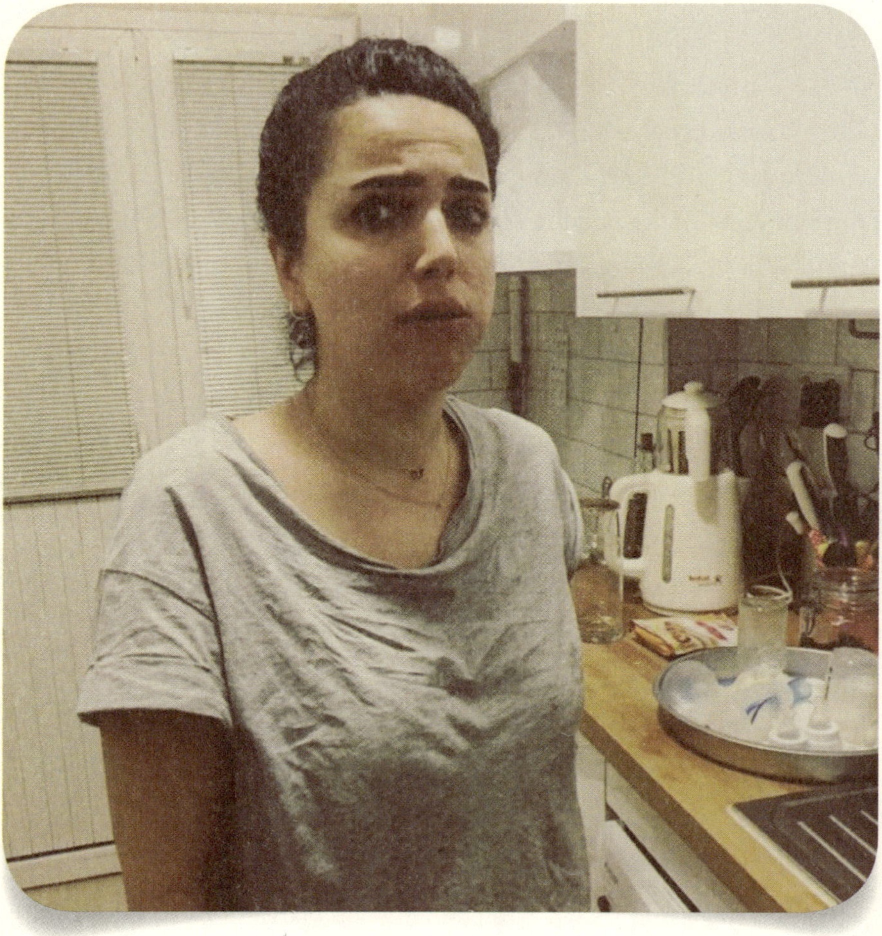

Çektim çakıyı, atladım kekin üstüne

Geçen yine lohusayım, atmışım ağzıma iki buruşuk üzüm. Karşımda fırından yeni çıkmış kek. Kekin boyu 10 metre. 10 metre değilse 5 metre var. Allah'tan üzerimde çakı var, hemen çektim çakıyı atladım kekin üstüne, tak tak tak!

Bitmeyen lohusalık

Gıpta edilen bir hamilelik dönemi geçirince lohusalık döneminde ne yiyip ne içtiğim de en merak edilen konuların başında geliyor.

Öncelikle söylemem gerekir ki, 2.5 yaşını geçmiş bir çocuk annesi olarak hâlâ lohusayım. Bunu bir süreç değil, bir yaşam biçimi olarak görüyorum. Atarı, gideri, beslenmesiyle lohusalık benim için bir hayat tarzı.

Ben kilo konusunda hep şanslı oldum. Kendimi bildim bileli hep fit bir bedene sahiptim; bunun için hiç çabalamam gerekmedi. Irsi. Hamilelikte dikkat ederek 3 kilo almıştım. Her seferinde başka bir şey söylüyorum. Ama 3'tü diye hatırlıyorum. Doğumdan çıktığımda 1 kilo fazlam vardı, onu da eve gelirken arabada verdim. Ödemmiş.

Eve geçer geçmez yeşil ağırlıklı bir diyet programı uyguladım, evdeki tüm çiçekleri yedim. Detoks içeceklerimi yanımdan ayırmadım. Hamur işini sevmemem büyük bir şans, hayatımın hiçbir döneminde ilgi alanımda olmadı. Bence zeytinyağlı pırasa, fırından yeni çıkmış, dumanı üstünde çikolatalı puf puf bir kekten on kat daha lezzetli ve davetkâr.

2.5 yaşını geçmiş bir çocuk annesi olarak hâlâ lohusayım. Bunu bir süreç değil, bir yaşam biçimi olarak görüyorum.

Günde 10 litre su içtim. Kaçamak yapmadım mı, elbette yaptım. Emzirme sonrası gelen tatlı krizlerinde kendimi ödüllendirdim: İki adet küçük boy buruşuk kuru üzümü mideye afiyetle indirdim.

İnanın lezzetli şeyler yiyerek, tıka basa doyarak da fit kalabilirsiniz. Lohusalık demek, sabahın 3'ünde buzdolabına kafayı sokup fıstıklı helva yemek değildir. Gizlice gece yarısı börek yemek de değildir. Süt olsun diye günde 10 tane medine hurması yiyenler itinayla ötekileştirilir.

Dinmeyen özlem: İlk üç ay

Sosyal medya jargonunda "tbt" olarak geçen, throwbackthursday olarak açılan ama her gün, her saat, canınız istediğinizde yapabileceğiniz nostalji kuşağı paylaşımlarında benim favorim ya gelinlik fotoğraflarım ya da Kerem'le ilk üç ay fotoğraflarım oluyor. Her seferinde, "Bu perşembe hangisini paylaşayım?" diyerek bir düğün albümümüzü, bir de ilk 3 ay albümünü açıyorum ve kazanan çoğunlukla altın büllüklü Kerem oluyor.

Yavrumun süt koktuğu ve birbirimize sarılarak huzur bulduğumuz güzel günlerden çekilmiş bu fotoğraf karesi de en anlamlı "tbt"lerimizden.

Burada tam olarak, susmadan ağlayan çocuğuma karşı duyduğum aşırı ve kontrol edilemez aşk ve sevgiden dolayı elimi alnıma koymuş ve şükrediyorum.

Ah o ilk günler! Siz de benim gibi o zamanları inanılmaz şekilde özlüyor musunuz? O tatlı beceriksiz, ne yapacağını bilemeyen anne baba ve beş dakika uykunun bile yettiği, fazlasının aranmadığı, herkesin her şeyi ama her şeyi aşırı iyi ve doğru bildiği ama sizin bir bok bilmediğiniz o günler...

Keşke hayat hep 'ilk 3 ay' olsa da bileklerimi dikine dikine kessem.

"Aynaya bakacak vaktin de mi olmadı be kadın!"

Bazı kadınlar görüyorum, "Aynaya bakacak vaktin de mi olmadı be kadın!" diye sarsasım geliyor. Evlenene kadar buluşma öncesi 4.5 saat hazırlan, imzayı attıktan sonra dizleri çıkmış xl gri 'aşortman'a dön. Anlaması çok güç.

Bugün evli ve çocukluyum ve bekârken ne söylüyorsam, hâlâ arkasındayım. Ne diyordum?

"Çocuğum olursa her zaman bakımlı bir anne olacağım. Zaten öyle olmalı. Bazıları var üzerlerinde mamalı kusmuklu tişörtle öğleni ediyorlar, bazıları yüzünü ancak öğlen yıkıyor, duşunu alıyor filan. Ben sabahtan kendi bakımımı yapmadan işlere başlamam. Önce ben, sonra bebek. Her gün spora gider ve yediklerime dikkat ederim. Süt veriyorsam ne olmuş, asıl su içmek süt yapar. Süt veriyoruz diye dünyayı mı yiyeceğiz yani? Eski kıyafetlerimin içine doğumdan sadece 40 gün sonra girerim. Zaten doğumda en az 7 kilo bırakırım, eh emzirmek de zayıflatıyor, 40 gün fazla bile söyledim. Doğum izni için 5 ayın yeterli olduğunu

> Evlenene kadar buluşma öncesi 4.5 saat hazırlan, imzayı attıktan sonra dizleri çıkmış xl gri 'aşortman'a dön. Anlaması çok güç.

düşünüyorum, koskoca 5 ay! Her şeyin düzene girmesi için gayet yeterli bir süre. İyi organize olana çok bile."

Anne olmak demek, aynaya bakmayı unutmak demek değildir. Her şeyden önce kendine saygı için her zaman bakımlı olmak gerekir. Çocuksuz hayatımdaki rutinlerimi Kerem'den sonra da harfiyen uyguluyorum. Hatta daha da düzene girdi diyebilirim. Yukarıdan bir ışık hüzmesiyle indi çünkü bana annelik.

Neymiş çocuk gece 250 kere kalkıyormuş, neymiş 3 yıldır kesintisiz 2 saat uyumamış, nasıl bakımlı olacakmış? Waterproof bir ürünle, kalıcı makyajla, brezilya fönüyle, kalıcı ojeyle pekâlâ da çözülebilecek bir konu. Sen yeter ki iste! Senin içinde yok ki! Sen bakım namına yaşam boyu yapıp yapabileceklerini flört döneminde tükettin, doğurmak da bahanen oldu. Bıngıl göbeğinin, mor göz halkalarının, saçaklı hâlinin gerekçesi bebeğin olmuş. Kendisine, eşine, hatta çocuğuna bile saygısı olmayanlara tahammülüm yok. Evlilik ve çocuk sizin yüzünüzden insanları korkutuyor ama neyse ki benim gibiler hâlâ var.

Saçını sürekli tepeden toplayanlar 1'e, kalın kaş modasına duacılar 2'ye, siyah taytlı 78. kombinini yapmışlar 3'e, "N'olur yaz hiç gelmesin, hep kış olsun" diyenler 4'e bassın; hangisini seçeceğine karar veremeyenler operatörü beklesin.

Biri mutlaka açar.

Çocuklu Hayat

Çocuk yapınca biz de yapmış sayıldık: "Kakamız geldi!"

Merhaba!

Ben Kerem'in annesi/ Kerem's mom/ Bir Kerem annesi/ bir şehzade annesi!

> Anne olmak istemeyen herkese deliler gibi çocuğumdan bahsediyorum. Övüyorum da övüyorum.

Anne olmak, bu dünyada başıma gelen en güzel şey. Herkes dünyaya bir amaç için gelir; ben anne olmak için gelmişim. Çocuktan sonra zaman, dünya durdu ve artık her şey onun etrafında dönüyor. Onun için yapıyoruz her şeyi. Bunu da marifetmiş gibi her yerde söylüyorum. Sonra dünyanın kendi etrafında döndüğünü sanan yarı yetişkinleri gördüğümde "Anası bu hâle getirmiş, onun suçu yok ki..." diye sövüyorum.

Çocuğumun fotoğrafını sosyal medyaya koyup yüzünü kalplerle, maymun, kelebek, nazar boncuğu emojileriyle kapatıyorum. Niye böyle bir şey yapıyorum ben de bilmiyorum. Bir keresinde yine böyle bir fotoğraf koydum ve altına "Aynı babası..." diye yorum yazdılar. Sanırım patiklerinden benzettiler.

> Bizi seçtiğin için teşekkür ederim oğlum.

Bu fotoğrafların altında çoğunlukla birkaç aylık çocuğumu konuşturuyorum: "Annecim bana bunu neden giydirdin?", "Annecim parka gitmeye hazırım!", "Öpücük beş teelee!" gibi şeyler diyor.

Anne olmak istemeyen herkese deliler gibi çocuğumdan bahsediyorum. Övüyorum da övüyorum. "İnan iki yıldır uyumuyorum ama bir gülüşüyle tüm yorgunluğum geçiyor." diye sallıyorum.

Çocuğumla göbek bağımız doğumda kopmadığı için bir kişi gibi hareket ediyoruz. "Kustuk ablası", "Uykumuz var", "Kakamız geldi", "Biz bir üstümüzü değiştirip gelelim" diyorum.

Kerem olmadan önce ne yapıyorduk inanın bilmiyorum. Öğleye kadar uyuduğumuzu söyleyenler var ama duymazdan geliyorum.

İşte annelik böyle her şeyi unutturan, böyle yoğun, böyle eşsiz bir duygu. Bana gelip "Ayakkabın rahat mı?" der gibi "Çocuk sahibi olmayı düşünüyoruz, olalım mı?" diye soruyorlar. Ben her şeyi kolay kolay tavsiye etmem ama anne olmayan herkese anneliği tavsiye ediyorum. İndirimi de bekleyebilirsiniz.

Son olarak, bulan kimse ona her gün dua ettiğim ve her fırsatta dile getirdiğim o sihirli cümleyi tekrarlamak istiyorum: "Bizi seçtiğin için teşekkür ederim oğlum."

Başka daha pek çok seçeneğin vardı ve sen düşündün taşındın, bizi seçtin.

Sağ ol.

LLO
ORLD.

“Ağlayıın, çekiyorum!”

Geçmişi biraz daha evvele dayanan, son on yılda hız kazanan bir toplumsal histeriden bahsetmek istiyorum: Yeni doğan çekimi.

Özetle şu şekilde işliyor: Profesyonel bir fotoğrafçıyla anlaşıp yeni doğmuş el kadar bebeleri süsleyip püsleyip, kutulara koyup, kafalarına bantlar takıp, çocuğu envai çeşit hale sokup türlü versiyonlarda fotoğraflarını çektiriyorsunuz.

Bu tip eziyet karelerini her gördüğümde “HOOOFFF!” deyip gözlerimi deviriyorum. Görmüş olduğunuz bu fotoğrafa da internette denk geldim. Yine kendilerine hatıra olsun diye, ana baba eziyetine maruz kalmış bir bebek.

Çekimler sırasında üç buçuk saat aralıksız ağlamış. Annesi babası, internette gördükleri gibi, pastel pastel sevimli pozlar vereceklerini düşünürken bebeğin ciğerlerini patlatırcasına susmadan ağlamasıyla ne yapacağını şaşırmışlar; bebek ağlamaktan bayılınca 10 dakika çekim yapmışlar. Annesi baygın bebeğin yanına hâlâ oyuncak koyuyormuş, “Bi de şöyle çek” diyormuş. Baba özellikle çok istekliymiş; objektif gören, planlı etkinlikler içine giren her babanın/erkeğin olduğu gibi.

Zavallı bebek. İsmini bilmiyorum. Galiba Kerem'miş. İsim benzerliği. Tanrı seni bu delilerden korusun Kerem bebek.

Kendi kendine oyalanabilen çocuk hayal değil!

Evde kim varsa ona yapışan, kendi kendine vakit geçiremeyen çocuklar görüyor ve üzülüyorum. Çocukların kendi kendine oyalanabilmesi özgüvenlerinin gelişimi için çok önemli ve değerli. Kerem de tek başına vakit geçirebilen bir çocuk. Ben gazetemi okurum, kahvemi içerim, evle ilgilenirim, o an ne işim varsa onu yaparım. O da oyununu oynar, kitaplarını okur, bir arada ama tek başınalığın tadını çıkarır.

Bazı anneler duyuyor ve görüyorum "Tuvalete bile benimle giriyor, dibimden ayrılmıyor…" diye anlatıyorlar. "Sorun çocukta değil; ne yazık ki sende!" deyip yoluma devam ediyorum.

Her sorunun kaynağının kendileri olduğunu idrak edene kadar, bu kadınlarla savaşım bitmeyecek.

Bazı anneler duyuyor ve görüyorum "Tuvalete bile benimle giriyor, dibimden ayrılmıyor..." diye anlatıyorlar.

Kitaplardaki gibi çocuk büyütmek

Hamile arkadaşlarım, arkadaşları hamile olan bekâr veya çocuksuz arkadaşlarım sık sık soruyorlar: "Hangi kitapları alalım? Ne okuyalım? Ne tavsiye edersin?" Cevap veriyorum: Hepsini!

Hamilelikten beri okumadığım çocuk gelişimi kitabı kalmadı, onlara çok şey borçluyum. Hemen her sıkıntımda çok yardımcı oldular, çünkü aşırı gerçekçiler. Teoriyle pratiğin bu kadar örtüştüğü bir alan daha tanımıyorum desem yeridir. Ne okuduysam neredeyse hepsi çıktı ve çocuklu hayat tam da -özellikle çeviri kitaplarda- anlattıkları gibi.

Ben herhangi bir ekole bağlı kalmayı değil, hepsinden bir şeyler alıp ortaya karışık girmeyi seçtim. Nasıl mı?

> Motor gelişimi için yemekleri kendisinin yemesine izin verdim, sonra kürekle ağzına tıktım.

Kerem'i bebekken üç saatte bir uyandırdım bazen de "Uyuyan çocuk uyandırılmaz" dedim, döndüm kıçımı uyudum. Uyku zamanı yatırdım, kaldırdım, ağlattım, morarttım, ayakta salladım, doğal ebeveynlik yaklaşımını benimseyip kucakta uyutttum, bizim yatağımıza alıştırdım, kendi yatağında uyumasını öğrettim.

Ağladığında bana ihtiyacı olduğu için kucağıma aldım, sonra da kucağa alışmaması için ağlattım.

Motor gelişimi için yemekleri kendisinin yemesine izin verdim, sonra kürekle ağzına tıktım.

Her şeyi blender'dan geçirdim sonra da motor becerileri gelişsin diye yiyecekleri bütün bütün BLW BLW (baby lead weaning) verdim.

Klasik müzik çocuğun gelişimi için çok önemli olduğundan 9. Senfoni ile emzirdim, Hülya Polat'tan "O Nenni Koçari" ile yemek yedirdim.

Klasik müzik çocuğun gelişimi için çok önemli olduğundan 9. Senfoni ile emzirdim, Hülya Polat'tan "O Nenni Koçari" ile yemek yedirdim.

Emekleme zamanı geldiğinde taşınıyormuşuz gibi evdeki her şeyi kaldırdım, sonra hepsini yerlerine geri koydum ve tehlikeli şeylere yaklaştığında "Hayır!" dedim ki evin doğal düzenine uyum sağlasın.

Dünyadaki tüm oyuncakları aldım, sonra da "En güzel oyuncak tencere tava!" dedim.

İnatlaşma anlarında eğilerek onun göz seviyesine indim ve tane tane kararlı açıklamalar yaptım, sonra ilgilenmedim ki sussun.

Bebeğimin bana ihtiyacı olduğu için çalışmadım, sonra da kendi ayaklarım üzerinde durarak ona örnek olmak ve "Asıl mevzu ne kadar değil, nasıl zaman geçirdiğinde" diyerek kaliteli zaman yaklaşımını benimsedim ve çalıştım. Sonra yine işi bıraktım, sonra yine çalıştım.

Anaokuluna verdim, sonra geri aldım. Sonra yine verdim.

Disiplinler ve ekoller üstü bu füzyon eğitim sistemimiz sayesinde şimdi Kerem'i yandan çevirerek kuruyoruz, dönmeye başlıyor.

Peki ya sizinkiler?

Çocuktan sonra hijyen

Hayatta en takıntılı olduğum konuların başında hijyen geliyor.

Hijyen meselesi benim için çok önemli. "Çocuktan sonra görürüm seni." diyenlerin üstüne dezenfektan sıkıyorum, o derece.

Bir gün yanımdaki takside bir kadın. Şıkır şıkır giyinmiş. Görsen bir şey sanırsın. Kadının burnu aktı, çantasında her türlü ruju var gördüm ama mendili yoktu. Biraz bekledi bekledi, sonra ne yaptı dersiniz?

Önce biraz ürkek, sonra höykürerek HÜMMMMMMMPFFFF diye çantasından çıkan çocuğunun beresine sildi burnunu. Kendi burnunu!

"Çocuktan sonra görürüm seni." diyenlerin üstüne dezenfektan sıkıyorum.

İnsan o sümüğü yalar yutar, yine de bunu yapamaz. Nasıl bir dünyaya çocuk getirdik; çocuklarımız kimlerle arkadaş olacak bazen cidden endişe ediyorum.

"Ne var canım?" diyerek çöpe de atmamıştır o bereyi. Kesin atmadı. Kesin.

Atmadın değil mi?

Çocuk uyuyunca: Gün asıl şimdi başlıyor

Bir anneye 24 saat asla yetmez. Benim için günün ikinci yarısı çocuğum uyuduktan sonra başlıyor. Oğlumun uyumasıyla benim uyumam arasında kalan iki saatlik zaman diliminde pek çok ev işini hallediyor, yemek yapıyor, ertesi günün yemeklerini planlıyor, günlük cilt bakımımı uyguluyor, tabii ki spordan dönmüş olduğum için güzel, rahatlatıcı köpüklü bir banyo yapıyor, ardından kendimi geliştirmek için kitap okuyor, eşimle okuduğumuz satırlar üzerine birbirimizle fikir alış verişi yapıyor, bedenimi ve zihnimi dinlendirmek adına geç olmadan uyuyorum. Televizyon açmıyor ve zinhar dışarıdan geldiğim kıyafetlerle salondaki koltuğa yığılmıyor ve orada uyuyakalmıyorum.

Bir anneye 24 saat asla yetmez.

Koltuk batar her şeyden önce. Diken diken batar.

Çocuk çantasının olmazsa olmazları

Bilenleriniz vardır, belli bir zamandır sosyal medyada bir "Çantamda ne var?" çılgınlığı süregeliyor. 5-75 yaş arasındaki vlogger/blogger'lar çantalarının içindekileri paylaştığı video ve fotoğraflarla arz-ı endam ediyor. İçinde neler olduğu en merak edilen çantaların başında da çocuk çantaları geliyor.

Hani şu annelerin çocukla sokağa çıkarken hazırladığı çocuk bakım/eğlence çantaları. Ben de sık sık "Kerem'in çantasında ne var?" sorusu alan bir mükemmel anne olarak bu meseleye de el atmak istedim. Çünkü neyim eksik?

Kerem'in çantasında yok yok esasen.

Markete bile gidiyor olsak en az 10 adet bez, farklı dokularda 3 paket ıslak mendil, mevsimine uygun 3 farklı yedek kıyafet kombini, 2 farklı boyda önlük, 25 adet müslin bez, su, ıhlamur, ruşeymli sağlıklı atıştırmalıklar, sürpriz ve öğretici ahşap oyuncaklar, "Montessori ile organik boyuyorum" boya seti, pişik kremi, güneş kremi, serum fizyolojik, tarak, anne baba için yedek kıyafetler, farklı dillerde bolca kitap ve aniden ıssız bir yere düşersek hayatta kalmamız için çakı ve pratik çadırla sokakları arşınlıyoruz.

Çantalarından kirazlı, çilekli duble lipstick'lerini eksik etmeyip yanlarına 3 değil 1 adet bile yedek kıyafet almayan ve erkek çocuklarına arkadaşlarının fistolu pembe bodylerini giydiren anneleri anneliklerini bi tur sorgulayıp gelmeye davet ediyorum.

Kerem'in çantasında yok yok !

Ardından halleri kalırsa okumaya devam edebilirler.

“Çıkıyorum” deyin, el sallasın

Çocuk büyütme işinde denklem basit. Çocuk en başından düzenin içine doğarsa, sonrasında tüm aile fertleri gün planlamasında rahat ediyor. Okuduğum kitaplarda hep böyleydi.

Biz de şu saatte spora mı gidilecek, şu saatte toplantı mı var, bunların hepsini doğduğundan beri Kerem'le paylaşıyor ve evden öyle ayrılıyoruz. O da biliyor ki o saatte evde olacağız ve oyununa devam ediyor.

> Sıvışmak diye tabir ettiğimiz, haber vermeden evden kaçmak suretiyle yapılan çıkışlar çocukta güvensizlik duygusu yaratıyor. Halbuki haber vererek çıkmak öyle mi?

Sıvışmak diye tabir ettiğimiz, haber vermeden evden kaçmak suretiyle yapılan çıkışlar çocukta güvensizlik duygusu yaratıyor. Halbuki haber vererek çıkmak öyle mi?

“Ben de gelceeem!” diyerek kendini yere atan, apartmana çıplak ayak fırlayan ve komşulara kapıları açtıran çocuklar ve ne yapacağını şaşırmış anne babalar görüyor, dehşete düşüyorum.

Bir çocuk yetiştirmek bu kadar zor olmamalı. Bu kadar zor olmamalı. Ve ebeveynlik işi gerçekten ehliyete tabi tutulmalı.

Eve gelip gelmemiş gibi yapanlar

Eve ne kadar yorgun gelmiş olursam olayım, her akşam ilk işim oğlumla o yatana kadar kesintisiz oyun oynamak oluyor. Zaten birbirimizi neredeyse günde 1-2 saat görüyoruz, o zaman dilimini de tamamen ona ayırıyorum. Bazı anneler var, evin önüne gelmesine rağmen mahallede birkaç tur atıyormuş. Eve geliyorlar, gelmemiş gibi yapıyorlar. Kendi evlerine hırsız gibi girip odaya saklanıyorlar. Duş alıyorlarmış, çalışıyorlarmış veya hiçbir şey yapmadan duruyorlarmış, duvara bakıyorlarmış.

> 7/24 anne olamayacaksan, içinde o bütüncül, evrensel ve tam zamanlı sabır ve şefkat yoksa niye doğurdun?

Ben duyduklarımın yalancısıyım, yoksa aklım almıyor. Neden doğurdun ki sen? 7/24 anne olamayacaksan, içinde o bütüncül, evrensel ve tam zamanlı sabır ve şefkat yoksa niye doğurdun?

Eksik annelikle çevrilmiş dört bir yanım, perişanım perişanım...

“Uyku mu? Teşekkürler, kullanmıyorum!”

Güne erken başlamak benim için vazgeçilmez bir alışkanlık, yaşamsal bir öğreti. Hayatı yakalamam ve onu daha çok özümseyebilmem, tadını çıkarmam için kaçınılmaz bir zorunluluk ve zevk. Uyku hiçbir zaman sevdiğim bir şey olmadı. Beni esiri yapmadı. Kendisine müptela etmedi. Bıraksan günlerce uyuyacak o insanlardan olmadım. Yazarken bile tüylerim diken diken oluyor.

Tatilde bile olsa kalkma saati değişmeyenlerdenim: 05.30 veya 06.00'dır yeni güne merhaba deme saatim. İnşallah daha da erken kalkmayı öğrenirim.

> Özellikle hafta sonları içimde saklayamadığım bir enerji oluyor.

Bu iflah olmaz alışkanlığımın anne olduktan sonra da faydasını gördüm, çocuğu tarafından uyandırılanlardan olmadım hiç. Dolayısıyla çevremdeki annelerin bu sohbetlerine hep Fransız kalıyor; dinlerken sıkılıyorum. Özellikle hafta sonları içimde saklayamadığım bir enerji oluyor.

> Gün bizim evde tıpkı dergi ilanlarındaki ve Instagram'daki gibi sabah 06.00'da koşuyla başlıyor.

Hafta sonları gün bizim evde tıpkı dergi ilanlarındaki ve Instagram'daki gibi sabah 06.00'da koşuyla başlıyor. Can'la birlikte 45 dakika açık ve temiz havada koşumuzu yapıp toksinlerimizi atıyoruz. Soğuk bir duşun ardından taze demlenmiş filtre kahvem elimde, günün gazetelerine göz atıyorum. Ardından evi kaplayan bir kızarmış ekmek kokusu... Taze sıkılmış portakal suyu eşliğinde protein ve kalsiyumdan zengin kahvaltı soframızı hazırlıyor ve Kerem'in odasına giriyorum. O da ne? Kerem hâlâ uyuyor! Dürterek uyandırıp sofraya çağırıyorum. "Anne..." diyor, "Biraz daha uyuyayım." diyor, "N'olur!" diyor. Kararlı bir ses tonuyla "Oğlum hadi, tüm aile sofrada, lütfen kalk!" diyorum. (Anne kararlı olunca çocuğun da uyum sağlaması konusuna ileride değineceğiz.) O da nihayet kalkıp geliyor ve hep birlikte kahvaltımızı yapıyoruz. Hem de tüm bunlar olup bitmişken saat hâlâ 08.00'i gösteriyor.

Günün geri kalanı ise dişi kuş tarafından çoktan planlanmış oluyor. Önce Kerem'le çeşitli Montessori aktiviteleri, ardından mutfağa girip hünerlerimi sergileme, Can'la baş başa karı-koca zamanımız (Kerem o sırada sürekli kitap okuyor), manikür & pedikür & çeşitli cilt bakımlarım, elimdeki iki kitabı bitirmek, Kerem'le kapsamlı bir semt pazarı turu, evin derlenip toparlanması, Kerem'le yoga saatim, köpüklü güzel bir banyo, akşam arkadaşlarla buluşma derken cumartesiyi bitirmişiz bile!

O zaman haydi üçer setten pilates çemberlerine! Marifet, sistemli bir planlama ile günü yönetmekte. Annelik tam da bu değil mi?

Aa değil mi?

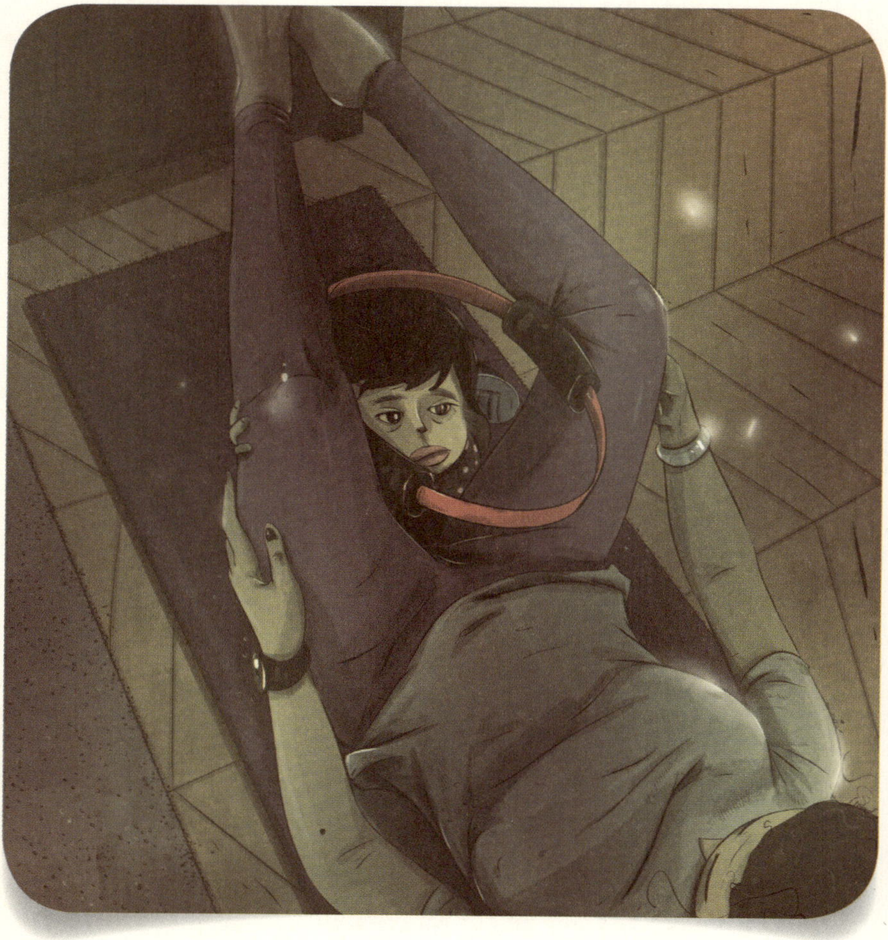

Çocuğunuz bahaneniz değil, antrenörünüz olsun!

En çok duyduğum soruların başında geliyor: "Nasıl bu kadar zayıfsın? Nasıl beceriyorsun?" Elbette helva yiyerek değil, ter dökerek! Doğum sonrası kısa sürede forma kavuşmak hayal değil. Sağlıklı beslenme ve düzenli sporla eskisinden daha fit olmamanız için inanın hiçbir neden yok.

Spor yapmak için pahalı spor salonlarına gitmeniz veya paraları peşin ödeyip asla gitmemeniz de şart değil. Kolaylıkla satın alacağınız birkaç spor ekipmanıyla evde harikalar yaratabilirsiniz. Bazı anneler duyuyorum; "Spora vakit mi var? İki yıldır uyumuyorum, ne ara spor yapacağım? Çocuk evdeyken nasıl spor yapacağım?" Bunlar hep bahane. Asıl sorun, motivasyonunuzun eksik olması. İki yıldır uyumuyorsanız 45 dakika daha zıplayıverin, belli ki bünyeniz sağlam.

Çocuk spor için bahane değil; hatta çocuğunuzu en büyük yardımcınıza dönüştürmek sizin elinizde. İşte çocuğunuzu da dâhil edebileceğiniz, iç bacak çalıştıran, basen eriten çok kolay bir hareket önerisi!

> Çocuk spor için bahane değil; hatta çocuğunuzu en büyük yardımcınıza dönüştürmek sizin elinizde.

Siz mata serilir serilmez, pilates çemberinin içine kafasını sokan çocuğun kafasını üçer setten 10 kez iyice sıkıştırıyorsunuz. 10 saniye ara verip bir üçer set daha tekrarlıyorsunuz.

Sadece 10 gün içinde olanlara inanamayacaksınız.

Çocuklu evde sofra kültürü

Sofra düzeni evde en önemsediğim konuların başında geliyor. Hele çocuktan sonra. Kerem şık aile sofrası görgüsü kazansın diye emek veriyor, özellikle onunla birlikte oturuyorsak daha da fazla dikkat ediyorum. Eskiden beri uzun, keyifli, bol kahkahalı ve rengârenk sofralar en büyük hayalimdi, gerçekleştirebildiğimiz için de mutluyum. Neyi kast ettiğimi açıklamak adına iştah açıcı ve ilham verici olduğunu düşündüğüm bir soframızı ölümsüzleştirdim. Kullandığım özenli parçalar dikkatinizi çekmiş olabilir: Evimizdeki en büyük misafir biziz; bu yüzden misafirlik hiçbir eşyamız yok. Her tasarım ürün, günlük soframızın bir parçası.

Peki ne, nereden? Tencereyi arkadaşlarımız yeni ev hediyesi olarak Zanzibar'dan getirmişti. Ev yapımı özel organik yoğurdun kabı toprak seramik alaşımlı bir malzemeden, Galata'da bir tasarım mağazasından almıştım. Pembe kristal barbunya kasesi Çukurcuma'daki vintage bir dükkandan. Gümüş kaşık, kayınvalidemin çeyizinden. Masa dekoru olarak kullandığım yazar kasayı ise Kerem daha doğmadan Roma'da sadece ahşap oyuncaklar satan bir dükkândan almıştık.

Evimizdeki en büyük misafir biziz; bu yüzden misafirlik hiçbir eşyamız yok. Her tasarım ürün, günlük soframızın bir parçası.

Gördüğünüz üzere parçaların her biri biricik, sahip olmanız ise imkânsıza yakın görünüyor. Yine de kendi mütevazı sofralarınızda denemeler yapmaktan çekinmeyin. Bir anda en iyiyi yapmayı beklemeyin, kendinize bu kadar yüklenmeyin.

Bırakın mükemmelik işi de bana kalsın.

Uzun kahvaltı sofraları

Çocuk sahibi olmak demek, hayatı çocuğa göre değiştirmek değildir. Sizin çocuğa değil, çocuğun sizin hayatınıza uyum sağlaması öncelik olmalı. Biz bir rutin olarak her pazar geniş ailemizle uzun kahvaltı sofralarında buluşuyoruz. Çayın demi, fırından taze çıkmış simitlerin kokusu hiç eksik olmaz; kuş sesleri kahkaha seslerine karışır çoğu zaman. Kerem bu kahvaltılar öncesi ya erkenden avokadolu yumurtasını yemiş olur; ya da bizimle uzun uzun oturur ve karnını doyurur. Ardından bir köşede oyuncaklarıyla oynar ki biz de taze yaban mersinli omletimizin tadını çıkarabilelim.

Sırtımıza çıkmaz, ağlamaz, sofradaki her şeyi ağzına sokup çıkarmaz ve misafirliğe gidilmiş evin orta yerine kusmaz.

> Sırtımıza çıkmaz, ağlamaz, sofradaki her şeyi ağzına sokup çıkarmaz ve misafirliğe gidilmiş evin orta yerine kusmaz.

"Eğitim işi" deyin, "doğru yetiştirmek" deyin, "işte anne babalık!" ne derseniz deyin. Fazla mütevazı olamayacağım, sonra gerçek sanırsınız.

"Başkasının Çocuğu" Deyip Bırakıp Gitmeye Bir Kala: 2 Yaş Krizleri

Kriz anlarında "göz seviyesi" mucizesi

Çocuk sahibi olmadan önce en korktuğum çocuk tipi sokakta yere yatıp tepinenlerdi. O zaman da söylerdim, çocuk yetiştirmenin herkesin harcı olmadığını ve anne babanın yaklaşımının ne kadar belirleyici olduğunu. "Vallahi yerlerinde olsam bırakır giderim, ağlasın açılır." diyordum. Çok şükür yerlerinde olmadım ve olmayacağım.

Yan sayfada görmüş olduğunuz manzara, oturduğumuz mahalleye ait. Tanımadığım bir çocuk. Kendisini yere atıp, kâh yatarak kâh dönerek ağlıyordu. Kolunu kesiyorlar sandım; kesmiyorlarmış. Annesi çocuğu yerden kaldırmaya, ikna etmeye çalışıyor, sesini duyuramıyor, çocuk kafasını geriye ata ata ağlıyor ve herkesi rahatsız ediyordu. Hâlbuki anne çocuğa sakin ve kararlı bir ses tonuyla, çocuğun göz seviyesine inerek "Sakinleşmeni bekliyorum, sakinleşince yanıma gelebilirsin." deyip çocuğu bıraksaydı çocuk hemen peşinden gelirdi. Bilmiyorlar, bu işi bilmiyorlar. Site olarak imza toplayacağım gitsinler buradan.

> "Vallahi yerlerinde olsam bırakır giderim, ağlasın açılır." diyordum. Çok şükür yerlerinde olmadım ve olmayacağım.

“Hayır”ın gücü

Çoğu anne baba “Çocuğuma hayır diyemiyorum, nasıl hayır demeliyim, nerede hata yapıyorum?” diye soruyor. Öncelikle kabul etmemiz gereken gerçek şu: Tüm çocuklar disipline ihtiyaç duyar. Çocuğunuza hayır demekten korkmayın. Sınırlar çocuğa kendini güvende hissettirir. (Bazen de hayal dünyalarının gelişmesi için özgür olmalarını ve keşfederek öğrenmeleri gerektiğini söylüyorum. Ekoller üstü yaklaşım bunu gerektiriyor.)

Hayır kavramını öğrenen çocuklar, ısrarcı davranışlardan kaçınarak çevresiyle daha sağlıklı iletişim kuruyorlar. Aslında doğru olan sadece hayır demek değil, hayırın nedenini uygun biçimde çocuğa açıklamak. Göz temasını koruyarak, nedensellik ilişkisi kurmasına yardımcı olarak, net ve kararlı bir biçimde “Hayır, çünkü...” dediğinizde emin olun aşılmayacak hiçbir kriz yok.

Hem de hiç!

"Yapma!" dersin, yapmaz

Uzak bir arkadaşın arkadaşının eltisinin kütüphanesinde gördüğüm, Nobel ödüllü bir yazarın her yeri karalanmış/boyanmış kitabı, bana çocuklara sınır koyma meselesinde ne kadar zayıf bir toplum olduğumuzu hatırlattı...

Biz bu konuda çok şanslıyız, çünkü Kerem doğuştan sınırlarını bilerek dünyaya geldi. Hastanedeki yatağında bile fazla yer işgal etmeyince hemşirelerin dikkatini çekmiş, biz de öyle öğrendik. Biz yine de eve gelince bir heves odasına tebeşirle bir hareket alanı çizdik, o sınırlar dâhilinde istediğini yapmasına imkân tanıdık. Ancak çizginin dışına çıktığında da başkalarının özgürlüğünün başladığını bildi ve hep buna göre davrandı.

İlk günden bu yana evde "do's/don't's" listesi yaptık ve buna göre hareket ediyoruz. Resim mi yapılacak, kendisine gösterdiğimiz alanda boyasını yapar. Duvarlara hamur yapıştırmaz, duvarları boyamaz, bilhassa krem rengi koltukları boyamaz, benim daha okuyamadığım yepyeni kitaplarımı bir nano saniye içinde resim defteri yapmaz.

Sizin evin kuralları neler?
Sizin çocuklarınız hangi ileri sürüm özelliklere sahip?
Fırsat bulabilirseniz bana yazın, çocuklarımızı hunharca kıyaslayalım, anneliklerimizi yarıştıralım.

Bekârlık günlerimden beri tekrarlarım: Bu meseleler hep eğitim ve doğru yaklaşım işi. Her şey anne babada bitiyor. "Yapma" dersin yapmaz. Ha benimki ilkinde yapmıyor ama sizinkilere iki dersin, üç dersin, dördüncüde yapmaz. Ben hatta ne olur ne olmaz Kerem'in tam ensesine 'HAYIR' düğmesi yaptım, ona basıyorum bir şey yapmaması gerektiğinde ve hemen elinden bırakıyor. İnşallah bütün şımarık ve laftan anlamayan çocuklar benim altın büllüklü oğlumdan uzak durur. Parkta filan yaklaştıklarını görünce hemen "BİZ DE EVE GİDİYORDUK" diye çocuğu alıp kaçırıyorum.

Sizin evin kuralları neler? Sizin çocuklarınız hangi ileri sürüm özelliklere sahip? Fırsat bulabilirseniz bana yazın, çocuklarımızı hunharca kıyaslayalım, anneliklerimizi yarıştıralım. Birinci gelen anneyi çok önemli bir markanın sponsorluğunda uzaya yollayacağım ve bir daha geri gelmeyecek.

“Bana verseler muma çeviririm!”

Nazara inanır mısınız? Ben inanırım. Sosyal medya üzerinden çok sık aldığım soruların başında disiplin meselesi var. “Kerem nasıl bu kadar olgun, neden benimki koltuk minderini yiyor?” diye soruluyor ve ben elimden geldiğince yanıtlamaya çalışıyor; bir yandan da tahtaya vuruyorum.

Çocuksuzken dayanamadığım, çocuk sahibi olduktan sonra, işin iç yüzünü de görünce iyice tahammül edemediğim bir çocuk türüdür, daima ilgi odağı olmaya çalışan, yemek yerken iki lokmandan birine göz koyan, kendisinden başka kimseyle konuşturmayan, anne baba telefondayken onları mütemadiyen trolleyen veletler.

Eskiden bunlara “Şımarık, bana verseler muma çevirirdim!” deyip cahil ailelerinin yanından hemen kaçardım ama şimdi anlıyorum ki bu bir yardım çığlığı. Koltuktan koltuğa zıplayan, düz duvara tırmanan, tuvalet paspasında işemenizi bekleyen, özellikle dışarı çıktığınızda sizi evden

> Çocuksuzken dayanamadığım,
> çocuk sahibi olduktan sonra, işin iç yüzünü de görünce iyice
> tahammül edemediğim bir çocuk türü var.

dışarı adım attığınıza pişman eden çocuk zeki, hiperaktif, güvenli bağlanmış değil şımarık ve sevgisizdir.

Anne babalar bu çocuklarla kaliteli vakit geçirmeyi öğrenemediği için de sonsuz döngü devam eder.

Peki bizde nasıl?

Bizim evde anne zamanı ve çocuk zamanı var. Ben biriyle sohbet ederken Kerem özellikle dikkat eder ve sessizce bekler. Ben evde çalışırken o da kendi doğal ahşap çalışma masasına oturur, kitaplar okur, oyunlar kurar. Mola ihtiyacı hissettiğimde "Haydi oğlum, kalk da bir keçiboynuzu özlü kurabiye yapalım." diye ortamı ben hareketlendiririm. (Çikolatalı yemiyor.)

Çocuğa ihtiyacı olan sevgi ve terbiyeyi veremeyenler, çocuğuna söz geçiremeyen beceriksiz anneler için, bekarlık günlerimden beri yürüttüğüm "10 günde muma çevirme geri dönüşüm programı" devam ediyor hem de gül kokulu. Ama fitili içine gömülü, bir türlü yakamayıp deliye bağlıyorsunuz. Uyar mı?

Anne olunca anlamayacağım

Geçen gün bir AVM'de dolanıyordum, bir oyuncak mağazasının önünden geçerken bir hareketlilik fark ettim, dönüp dikkatli baktım: Vitrine girmiş bir çocuk!

Çocuk gelmiş, vitrine girmiş, bir de güzel oturmuş. Annesi ne dese çocuk vitrinden çıkmadı. Ben de sırf inat olsun diye uzun uzun bakıp anneyi kınadım. Ben baktıkça anne daha da gerildi, oh canıma değsin. Yine olsa da yine baksam uzun uzun. Kadın kararlı ve sevgi dolu bir tonla, göz seviyesine inerek çocuğa "Gel..." deseydi çıkardı. Ana ana olsa zaten, oradan bir bakışıyla çıkartır o çocuğu. Ağzını açmasına gerek kalmaz. Hatta çocuk girmez bile oraya.

> Bana bunları verseler muma çevireceğim ama vermiyorlar. Neyse ileride kendi çocuğum olduğunda yedi cihan görecek çocuk nasıl büyütülürmüş.

Önceki bölümde ifade ettiğim gibi bana bunları verseler muma çevireceğim ama vermiyorlar. Neyse ileride kendi çocuğum olduğunda yedi cihan görecek çocuk nasıl büyütülürmüş.

Beceriksizliklerini "Anne olunca anlarsın" kılıfıyla sunan kadınlardan öönğk geldi. Yok galiba bööğğk geldi. Karar veremedim tam.

Çocukla kuaför keyfi

Çoğu anne babanın en zorlandığı konuların başında çocukla kuaföre gitmek geliyor. Bu kadar keyifli bir ortak zamanı zorluğa dönüştürenin anne babaların ta kendisi olduğuna inanıyor ve "Benim kızım/oğlum saç kestirmiyor." diyenleri anlamıyorum. Bu, diğer tüm konularda olduğu gibi tamamen çocuğa nasıl yaklaştığınızla ilgili.

Yok arabalı prensesli çocuk kuaförü, yok iki tel saç kesilecek diye çocuğun önünde horon tepmek, ödüller vaat etmek, sözler vermek... Neler gördü bu gözler!

Geçen gün kuaförde bir çocuk gördüm, kıyameti kopararak "Eve gideliaaaammm! Burdan gideliiaaam! Kesmeyeliiiaaam!" diye bağırıyordu. Annenin verdiği hiçbir rüşvet işe yaramadı. Tabii ben o sırada rüşvet vermesinin de ne kadar yanlış olduğunu, işleri daha da zorlaştırdığını bildiğimden anneyi daha da kınadım. Her şeyini kınadım annenin. Fıskiye saçıyla dolaşan oğlunu da kınadım. Sonra montunu, ayakkabısını filan da kınadım.

Ardından içimden "Hoff herkes anne olmasın yaaa!" dedim, eve doğru dingin dingin yol aldım.

Yok arabalı prensesli çocuk kuaförü, yok iki tel saç kesilecek diye çocuğun önünde horon tepmek, ödüller vaat etmek, sözler vermek... Neler gördü bu gözler!

Bir omurga egzersizi olarak: Çocukla misafirlik

Artık biliyorsunuz, çocuk sahibi olmadan önce hemen hemen her türlü çocuk tipine uyuz oluyordum. Uyuz olduklarımın kafamda kabaca bir listesini yaptım ve kendime bir söz verdim: Bir gün asla böyle bir çocuğum olmayacaktı. Çünkü her şey benim elimdeydi. Ne mutlu ki başardım, mutluyum.

Geçen gün bir arkadaş evindeydik. Her yeri itinayla döşenmiş, mumlar, objelerle dolu yepyeni bir ev... Sonra birden bir çocuk geldi, hayatımda ilk kez görüyorum. Önce birkaç dakika evi kokladı, ortamı anlamaya çalıştı ve ardından eve daldı. Önce yeni parkelerin üstüne bir güzel kustu. Bilerek kustuğunu düşünüyorum. Paris'ten gelmiş o vazolar, uzak doğu işi porselenler, kağıtlara sararak bavullarda taşıdıkları seramikler, dünyanın her yerinden toplanmış hassas kırtasiye malzemeleri... Annesi babası kambur vaziyette "Dur oğlum, hayır oğlum, bırak oğlum!" demekten helak oldu; bir yerden sonra annesi bıraktı kendini koltuğa sorumsuzca. Ardından çocuk ağladıkça ağladı, nefes aldığı için ağladı, havada bulut var diye ağladı, yapraklar yeşil diye ağladı... Annesi sürekli bizlere açıklama yapmaya çalışıyor, uykusu varmış, ondanmış. Dün gece iyi uyusaydı? Kaçar gibi çıktık evden resmen. "Doğurmak çok kolay ama ya yetiştirmek?" diye düşündük Can'la dönüş yolu boyunca, Kerem arkada mışıl mışıl uyurken.

> Çocuk ağladıkça ağladı, nefes aldığı için ağladı, havada bulut var diye ağladı, yapraklar yeşil diye ağladı...

Bu Dünyadaki Cennet: Çocukla Tatil

Çocuklar uçağa binmesin

Merhaba,

Ben uçak faşistiyim. Hemen her yerde karşınıza çıkarım, çoğunlukla çocuksuzum. Çocuklu ailelerden nefret ediyorum. Bagaj teslim alanından başlıyorum "İnşallah bu Chucky'ler bizim uçakta değildir." diye dua etmeye. 10 yaşına kadar (ya da çocuk ne zaman laftan anlarsa) uçaklara çocuk alınmasını doğru bulmuyorum. Kısa veya uzun yolculuk fark etmiyor. Ben senin çocuğunun zırıltısını dinlemek zorunda değilim. Film izleyeceğim, kitap okuyacağım, bekleyen işlerimi yapacağım, uyuyacağım, meditasyon yapacağım, yorgunum, canım sıkkın vs. Ama senin çocuğunun kusmuk ve bok kokusunu çekmek, bitmeyen çığlıklarına ve şımarıklıklarına tahammül etmek uçağa binerken hayal ettiğim en son şey. Sen ve çocuğun benim hayallerime müdahale edemez ve kişisel özgürlük alanıma giremezsiniz. Girdirtmem. Çocuğun laftan anlayana kadar evinin balkonuna mı çıkarsın, otobandan Kumburgaz'a mı gidersin, 12 saat otobüslere mi binersin orasını ben bilmem. Ne yapıyorsan yap ama bana yaklaşma. Ne zaman ağzımı açacak olsam saldırıyorlar üstüme. "Anne baba olunca anlarsın" diye gelmeyin bana, anlamayacağım. Çocuğu yaptıysam bir süre küvette serinlemeyi de bilirim, acil bir şey olduğunda çocuğu evde, yanına mamasını bırakıp, tek başıma uçağa binmeyi de. Belki üstümü naylonla da örttürürüm, koku yapmamak için. Nerede benim domates suyum? Taze nane de lütfen!

Teşekkürler.

Çocuğun laftan anlayana kadar evinin balkonuna mı çıkarsın, otobandan Kumburgaz'a mı gidersin, 12 saat otobüslere mi binersin orasını ben bilmem.

Yine olsa yine giderim

Bugüne kadar verdiğimiz en doğru kararlardan biri, geçen yaz 1.5 yaşında olan Kerem'le birlikte 7 gün tatil yapmaktı. Bu iş hakikaten çocuk küçükken çok kolaymış. Ortama öyle bir uyum sağladı ve öyle rahat ettik ki keşke tatili uzatsaydık diye defalarca düşündük. Kerem gündüz bol bol uyudu, kendi kendine oyalandı, oyunlar oynadı, iştahı açıldı, gece uykusu düzene girdi, biz de eşimle tatilin tadını çıkardık.

Bu tatili unutulmaz kılan bir diğer etken de bize farklı yaş ve mizaçlardaki çocuklu iki ailenin daha eşlik ediyor olmasıydı. Grup olarak harmonimiz, birbirine karışan kahkaha sesleri, çocuklar arasındaki müthiş iletişim, sessizliğimizden doğan o dingin ve sakin hava otel yönetiminin ve diğer misafirlerin de ilgisini çekmiş olacak ki gittiğimiz her yerde gözler üzerimizdeydi.

Bazı çocuklu aileler gördüm, anne hüngür hüngür ağlıyor, baba delirmiş, çocuk geceyarısına kadar ayakta ve ağlıyor, sırayla iskelede puset iteliyor ve kollarına taktıkları performans/aktivite bilekliklerinde gün rekorunu 19.00-22.00 arasındaki zaman diliminde kırıyorlar, yemek bile yiyememişler, denize sadece iki kez beşer dakika nöbetleşe girmişler filan. O zaman yine aynı şeyi söyledim: Her şey ailede bitiyor. Siz ne kadar rahat, çocuk o kadar rahat!

> Her şey ailede bitiyor. Siz ne kadar rahat, çocuk o kadar rahat!

Çocukla Kaliteli Zaman Ama Nasıl?

"Muhsin Poyraaz düşeceksiin!"

Yurt dışına her çıktığında "evropalar şöyle, evropalar böyle" diye sızlanan, çemkirenlerden değilim. "Her bir yanı denizlerle çevrili memleketimi dünyanın hiçbir yerine değişmem/Hangi çılgın bana zincir vuracakmış şaşarım" ekolünü benimsiyorum daha çok. Bir iş için bulunduğum Avrupa ülkesinde iki gün boyunca maruz kaldığım gereksiz fazla yeşilin baş ağrısı yaptığı bünyem neyse ki döner dönmez kendini hızla toparladı. Ama bazı şeyleri de unutamadım:

Yürüyüş yaparken denk geldiğim, çocuk parkı olduğu rivayet edilen ama benim asla inandırıcı bulmadığım "yeşil bölge" de onlardan biri.

Bir şey eksikti. Burası çocuk parkı olamazdı.

İlk bakışta kolu bacağı kesilmiş gibi bağıran, havada toz var diye ağlayan çocukların ve plastik & patlangaçlı neon park aletlerinin eksikliği yüzüme tokat gibi çarparken hemen kendime gelip ayıldım. Buradaki asıl eksik başkaydı. Avucunda armut/köfte saplanmış çatalla kambur vaziyette koşturan, "Muhsin Poyraaaz, Muhsin Poyraaaz düşeceksiiin", "Bak Allah'ın adını verdim akşama babana söylicem", "Kafanı kıracaksın, sakın sakın, hayır, yapma, gitme, çıkma, kime diyorum been Kalbinuuur Kalbinuuur!", "Bak kardeş ne güzel yapıyor, senin gibi huysuzluk etmiyor", "Bak hiç beni dinliyor mu!!!", "Paylaşsana kardeşle oyuncağını, versene oyuncağını kardeşe!" diye bağıran anneler yoktu. Kimse kimsenin dotünü de yemiyordu üstelik.

Böyle park mı olur? Bu çocuklar hayata nasıl hazırlanıyor? Bir de gelip bizim parkları görsünler diyerek hem davet hem de sitem içeren bir dilek/şikâyet dilekçesi doldurdum; belediyeye teslim ettim.

Yanıt bekliyorum.

Bugün yarın gelir herhalde.

KINGS

Günü AVM'de değil, parkta kapatın

Akşam olup da işten çıkınca en büyük aile eğlencemiz yemyeşil parklarda yayılmak. Günü her daim yeşil kapatıyoruz. Doğayla kucaklaşarak günün stresinden arınıyor, temiz havanın tadını doyasıya çıkarıyoruz. Sabahtan hazırlayıp piknik çantamıza attığımız sağlıklı leziz sandviçler ve agave şuruplu pancake'ler ise bu tatlı molanın en güzel sürprizleri. Ekose desenli örtümüzü çimlere seriyor ve bir yandan atıştırıp, bir yandan birbirimize günümüzü anlatıyoruz. Güneşi batırıp yüzlerimizde tatlı bir tebessümle evimizin yolunu tutarken şükrediyoruz.

İşten haldır huldur çıkıp binbir bahaneyle en yakın AVM'ye koşan, çocuklarını neon ışıklar ve milyonlarca gereksiz uyaran içine sokan, minibüslerde bozuk para bölümünün üstündeki oyuncak köpek gibi kontrolsüzce kafalarını sallayarak "ANNEAA BUNA DA, BUNA DA, BUNA DA BİNELİM!" diyen çocuklarını mutlu ettiğini sanan, onlardan bir ağacı, bir çiçeği sakınan, bir kozalağa dokunmalarını çok gören, dışarıda ne idüğü belirsiz yiyecekler yediren ailelere dua ediyor ve üzerlerine avokado atıyoruz.

Onlardan bir ağacı, bir çiçeği sakınan, bir kozalağa dokunmalarını çok gören, dışarıda ne idüğü belirsiz yiyecekler yediren ailelere dua ediyor ve üzerlerine avokado atıyoruz.

"Twinkle twinkle little star..."

Genellikle 6 ay-3 yaş arası çocukların sosyalleşme, ince ve kaba motor becerilerini geliştirme amacıyla düzenlenen, saatlik olarak ödeme yapılan oyun gruplarını duymuş, duymamış, katılmış, katılacak, asla katılmayacak olabilirsiniz.

Hedef kitlesi 6 ay-3 yaş olarak duyurulan ama esasen 30 yaş sonrasına hitap eden bu oyun gruplarına "Neyimiz eksik?" diyerek biz de katıldık.

(Bu gibi aktiviteler genellikle hafta içi oluyor, çalışıyorsanız çocuğunuz bu tip aktivitelerden yararlanamıyor. Yakınlarda çocuklu konu-komşu, akraba yoksa çocuğun evde kendi kendine oynaması, duvarlarla sosyalleşmesi gerekiyor.)

Okulda bir yandan gözlem yaptım, bir yandan tüm aktiviteleri en doğru şekilde yaparak motor becerilerimi geliştirdim. Çünkü biliyorsunuz bu gruplarda tüm aktiviteleri anneler için yapıyorlar. Ben anne olarak minnak çocuk sandalyelerine herkesten önce oturmuş; tüm topları delikten ustalıkla geçirmiş ve diğer annelerin BAK GÖRDÜN MÜ AYŞE GİBİ YAPACAKSIN/ BAK BÖYLE BASTIRACAKSIN/ BAK KİMSE SENİN GİBİ HUYSUZLUK YAPMIYOR/ BIKTIM SEN-

DEN YETER ARTIK/ SEN DE KARDEŞLER GİBİ OYNASANA/ AFERİN, AFERİN, AFERİN BENİM GİBİ YAP BENİM GİBİ YAPARSAN AFERİN şeklinde cümlelerle çocuklarına yaptıkları pedagojik aktarımları dinliyordum ki, bir çocuk geldi. Ortak alanda, öğretmenin elinde ne görse -berbat bir şiveyle- "Ben de istiyom", "Bana da ver, ben de istiyom." dedi, tüm çekmeceleri açıp konumuz olmayan her yeri karıştırdı. Gruptaki anne/çocuk herkesi eliyle göstererek suratlarına suratlarına "Anne kim bu?" deyip durdu, sürekli parka gitmek istedi ve öğretmenin verdiği ince motor çubuklarıyla oralı bile olmadı, havanda dövmesi gereken bisküvileri avuçlayarak yedi ve sonra da kustu. İnşallah bir daha gelmez ve bizim de terbiyemizi bozmaz.

Bir dahaki gidişimizde umarım yine "twinkle twinkle" söyleriz ve ben en yüksek sesimle herkesi bastırarak, şarkıyı baştan sona Oxford aksanıyla bildiğimi gösterebilirim.

Bir dahaki gidişimizde umarım yine "twinkle twinkle" söyleriz ve ben en yüksek sesimle herkesi bastırarak, şarkıyı baştan sona Oxford aksanıyla bildiğimi gösterebilir ve gün sonunda kürdanların hepsine makarna takıp öğretmenden tam puan alabilirim.

Çünkü manyağım ben.

Kuuuş sesleri ovalaraa yayılıır....

Müzik ruhun gıdası. Hele ki notalar piyanodan, kemandan süzülüyorsa...

Hamileyken karnına klasik müzik dinletenlerdenim. Bebeğin psikolojik, bilişsel ve bedensel gelişimine faydası olduğu kadar gusto gelişiminde de etkisi olduğuna inanıyorum. Fetüs yaşken eğilir. Nitekim bu yaklaşımımızın meyvelerini toplamaya Kerem daha çok küçükken başladık.

Oğlumuzun belli rutinleri var, gün içine yayılan ve günü bu melodiler eşliğinde yaşıyor. Sonradan yapılabilecek, verilebilecek bir görgü değil müzik. İçten gelmesi gerekiyor. Aksi takdirde "yama" gibi duruyor.

Birkaç örnek vermek gerekirse...

> Fetüs yaşken eğilir.

Doğum iznim bitip işe başladığımda işten eve telefon açardım; arkadan bir ses: "Aldanma çocuksu masum yüzüne, mutlaka terk edip gidecek bir gün..." Tchaikovsky'nin vefatından önce bestelediği bir eser, mutlaka bilenleriniz vardır.

Cimilli İbo'dan "Sallama Çayı" eşliğinde yemek yiyor; "Hayatı Tesbih Yapmışım, Sallıyormuşum" eşliğinde banyo yapıyor; "Tavukları Pişirmişem"i duyunca beyaz atletiyle çömelip kalkarak dans ediyor.

Cimilli İbo'dan "Sallama Çayı" eşliğinde yemek yiyor; "Hayatı Tesbih Yapmışım, Sallıyormuşum" eşliğinde banyo yapıyor.

Birlikte yemeğe çıktıysak, şık bir restorandaysak veya okuldaysa ve tavuk gördüyse sormayın gitsin. Komut almış gibi "Anahtarlar pencerede, tavuk da pişer tenceredeee" dökülüyor o minicik ağzından... Bu anlar sırasında bilhassa yanımızda birileri varsa göğsüm kabarıyor. Öğretmeni anlatıyorsa hele, gururdan gözlerimin yaşardığı ve ne diyeceğimi bilemediğim de oluyor.

İçselleştirilmiş müzikal görgü ve algı, hayatın tesadüfi köşelerinde, ummadığınız anlarda kendini işte böyle belli eden bir olgudur. Eğreti durmaz, çünkü sahicidir. Gerçektir.

Tıpkı bizim örneğimizde olduğu gibi.

Henüz pirinç tanesi kadar iken Dört Mevsim dinleyen bir çocuğun büyüyünce ne yapmasını bekliyorduk ki? İlahi biz.

Ses veriyorum, bir ki sess bir ki, dooo reee...

Genetik yetenek: İyiyse anneden, kötüyse babadan

Çocuğunuzun soyut dünyayı kavramasında ona yardımcı olacak ilk adımlardan biri de resimdir. Yaşına uygun alacağınız boya kalemleriyle birlikte desenler çizmeye çalışabilirsiniz. Diğer her şeyde olduğu gibi bu alanda da sizi taklit edeceğinden ona kendi çizimlerinizle destek olabilirsiniz. Biz de bu yolda çocuğumuz hayata küssün diye ben annesi olarak kedi, babası da köpek çizme görevlerini üstlendik. Sonuçlar parmak ısırtacak cinsten.

Biliyorsunuz genetik bilimi anne babalık söz konusu olunca şöyle işliyor: İyi sonuçlar anneden, kötülerin hepsi babadan. Bakalım hayat Kerem'in yüzüne bu alanda gülecek mi?

Yaratıcı oyun fikirleri için sayfama beklerim

Çocukların kısa konsantrasyon süreleri ve bitmeyen enerjileri düşünüldüğünde soğuk havalarda veya hastalık zamanlarında evde vakit geçirmek anne-baba için zorlayıcı olabiliyor. Ama üzülmeyin! Böyle durumlarda imdadınıza rengârenk bantlar yetişebilir. Mama sandalyesine, kağıtlara, çeşitli yerlere bantlar ve çıkartmalar yapıştırıp birlikte saatlerce kaliteli zaman geçirebilirsiniz. Göreceksiniz çocuğunuz da çok zevk alacak. Zevkten konuşamaz bile belki. Kim bilir?

Çok oyuncak, hiç oyuncak

Bir çocuğa fazla oyuncak almak kadar ona zarar veren şey çok azdır diye düşünüyorum. -dir'li -dur'lu didaktik cümleler kuruyor ama sonuna "diye düşünüyorum" ekleyince ılımlı oluyorum.

Mutfaktaki araç gereçlerden daha güzel oyuncak yok bir çocuk için. Evi oyuncak mezarlığına döndüren, her şeyin cılkını çıkaran anne babalar acaba ileride çocuklarına azla yetinmeyi ve mutlu olmayı nasıl öğretecekler çok merak ediyorum doğrusu.

Evi oyuncak mezarlığına döndüren, her şeyin cılkını çıkaran anne babalar acaba ileride çocuklarına azla yetinmeyi ve mutlu olmayı nasıl öğretecekler çok merak ediyorum.

Biz Kerem'in gelişiminde Montessori tarzını benimseyip ev yapımı ve zekâ geliştirici oyuncaklar edinmek için çabaladık. Sonuçta pet şişe ve tencere en iyi arkadaşları olacak, fazlasına gerek yok.

Siz de az sayıdaki bu oyuncakları dönüşümlü olarak ortaya çıkarıp çocuğunuzu da şaşırtabilir, daha kaliteli vakit geçirmesine destek olabilirsiniz. Hepsini çocuğun önüne kamyonla yığmamalısınız.

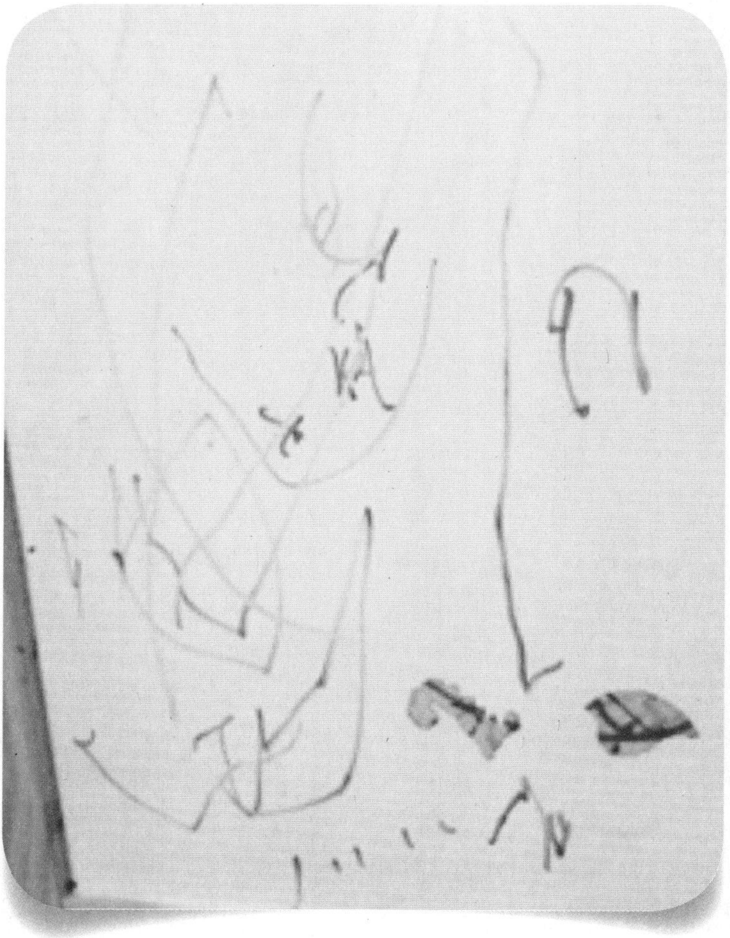

Montessori ile mantıklı boyuyorum

Herkesin çocuğu kendisi için özeldir mutlaka ama kendi çocuğum diye demiyorum; Kerem gerçekten bir başka.

Bebekliğinden beri gözleri fıldır fıldırdı, farklı bir şeyler olduğunu sezmiştim. Sürekli her şeyi takip hâlinde, cin cin bakıyordu. 1 yaşından beri telefonu, ipad'i alıyor eline, kaydırıveriyor sayfaları o küçücük parmaklarıyla. Şaşıp kalıyor ve herkese anlatıyoruz. Sen nereden nasıl gördün de öğrendin bu aletleri kullanmayı? Bizden görmüş olamazsın çünkü biz taş tablet ve parşömen kağıdı kullanıyoruz. "Youtube!" diyor. Yahu Youtube'u nereden duydun? Herhalde parktan. Bir şey diyoruz, anında tekrarlıyor kayıt cihazı gibi. İnanılmz bir şey. Küçük yumurcak. Biz onun yaşında ağzımızdan salya akarak boş boş bakıyormuşuz. Niye bilmiyoruz ama çocuğumuzu yaşıtlarıyla değil, kendi çocukluğumuzla kıyaslıyoruz. Bu yüzden tek olduğunu düşünüyoruz. Resim desen, ayrı bir mevzu. Her günkü etkinlik çizelgemizde olan "Montessori ile mantıklı boyuyorum" zamanında kalemi bir tutuşu var, babasıyla bir panik hemen videoya çekmeye başlıyoruz. Çizdiği desenler, hayal gücü gerçekten hayret ettirecek cinsten. Çerçeve dayanmıyor asmak için, özel bir albüm yaptıracağız. Nitekim doktor da gelişiminin yaşıtlarından 1-2 yaş önde olduğunu söylüyor. Okuldaki öğretmenleri de Kerem için "Işığı olan bir çocuk" diyor. Üzülmesinler diye diğerlerine de yarım ağız söylediklerini duyuyorum ama onların ışığı biraz daha sönük. Yapacak bir şey yok, talih kuşu herkese konmaz. Arada, "Yandık, vallahi yandık!" diye üzülüyormuşum gibi yapıp inceden gülümseyerek böbürleniyorum. Folikasit çocukları diyorum ben bu nesle; bizimkinde herhalde biraz fazla kaçtı.

> Niye bilmiyoruz ama çocuğumuzu yaşıtlarıyla değil, kendi çocukluğumuzla kıyaslıyoruz. Bu yüzden tek olduğunu düşünüyoruz.

Eh genlerle de birleşince; olur öyle.

Birlikte oynadık, birlikte toplayalım

Bu evde birlikte yaşıyorsak, "kakamız" dâhil her şeyi birlikte yapıyorsak elbette dağınıklığı da birlikte toplayacağız, öyle değil mi?

Kerem olgun bir çocuk. Nanosaniyede fikir değiştirip ahşap kule yapmaya başlamışken "legooo!", legoya başlamışken "hamuuuur!", hamura başlamışken "mutfaaaak!" diyen çocuklardan değil. Konsantrasyon gelişimi için aslında yaşı gereği her oyunla 45 dakika oynaması ideal; ama bu bazen 75 dakikayı bulduğunda ben yeni oyun öneriyorum. Ve her yeni oyuna başlarken bir öncekinin dağınıklığını birlikte topluyoruz. Çünkü toplamak da oyuna dâhil. Hatta Kerem için çoğu zaman oyunun kendisinden daha eğlenceli.

> Her yeni oyuna başlarken bir öncekinin dağınıklığını birlikte topluyoruz. Çünkü toplamak da oyuna dâhil.

Ne söylerseniz söyleyin, sonunda yaptığınızı yapacaklar. İş toplamaya gelince kutuya bir ben atıyorum, üç o atıyor. Ben bir arabayı çekiyorum; o berikini çekiyor.

Sağlıklı ve güvenli öz gelişim, disiplin, sorumluluk. İşte bizim ev!

Kardeş şart

Merhaba!

Üreme sağlığı ve ilişkiler konusunda danışmanlık veriyorum. Profesyonel olarak değil, hobi olarak. Bayılıyorum başkalarının hayatları, bedenleri, gelecekleri, kararları hakkında filan konuşmaya. "Herkesin kendi hayatı" deyip geçemiyorum. Niye geçeyim ki? Bana en çok gelen sorulardan biri de çocuk sayısı meselesi. Diyorlar ki "Bir yaptık, ikinin hatrı kaldı, üçün boynu bükük. Ne yapalım?"

"Yetmez" diyorum. Yetmez. Onlara yetebilir ama bana yetmiyor. Birden fazla çocuk sahibi olanların daha hastaneden çıkmadan tek çocuklulara karşı başlattığı sessiz savaşta elbette oyum doğurgan yüce Türk anasına. Ağzıma en çok yakışan ve "Merhaba" kadar sık kullandığım iki şey var: "Tek çocuk hiç çocuktur!" ve onun kayınçosu olan "Kardeş şart!"

> Ağzıma en çok yakışan ve "Merhaba" kadar sık kullandığım iki şey var: "Tek çocuk hiç çocuktur!" ve onun kayınçosu olan "Kardeş şart!"

"Şart" burada kritik ifade. "Tek çocukluysan eldekini birine ver gitsin daha iyi" anlamında.

Gelecek nesillerin kaderi sizin ellerinizde. Peşer peşer doğuracaksınız. Yardımsız, desteksiz, tek başınıza büyüteceksiniz. Başkası için doğurmadınız, siz bakacaksınız. Doğrusu bu. Destek alıyorsanız en az on dört öneriyorum ben. Sonrası yokuş aşağı. Çocuklar birbirini büyütüyor, bir süre sonra sen o çarktan çıkıyorsun zaten. Son doğurduğunu hop bir öncekinin kucağına veriyor ve yeniden kuluçkaya yatıyorsun.

Çocuk sahibi olmak isteyip olamayanlar veya çocuk istemeyenler hayatta kalmak için kendilerine başka bir sebep bulsunlar. Çünkü tek yetmiyor. Hiç, hiç yetmez.

Tek çocuklulara otobüste bile yer vermiyorum ben. Peki ya siz?

"Yediği Helal, Giydiği Haram"

Rafine zevk sahibi tarz bebekler

Bebek/çocuk giyimi, hamileliğimden beri en özendiğim konuların başında geliyor. Çocuğumun yalın, rafine bir zevke sahip olması için hamileliğimin büyük kısmını hayalimdeki parçaları bir araya getirmekle geçirdim. Başarılı da oldum doğrusu. Aile fertleri ve yakın çevremle bu konuda aynı bakış açısına sahip olmam da büyük bir şanstı.

Bugün, Kerem'in gösteriş ve ihtişamın kol kola girdiği, güçlü minimalist detaylarla bezeli anneanne evi stilini mercek altına aldım. İşte sorup durulan, Kerem'in gardırobundaki yıldız parçalardan bazıları:

Basit, cesur ve iddialı parçaları hep sevdim. Danimarka'da bir tasarım mağazasından aldığım, mor salkım renkli çizgili battaniye bu stile verilebilecek en güzel örneklerden.

> Altına serili pembe havlu, kişiye özel tasarımlarıyla gönlümü fetheden ama ismini hatırlayamadığım ve hatırlasam da size söylemeyeceğim İtalyan bir tasarımcıya ait.

Uykuya geçişi kolaylaştırıcı, aydınlık efekt veren kendinden kabartmalı beyaz ve ütü gerektirmeyen koltuk örtüsü Kussoni Home. Klasik Kussoni çizgileriyle "Ben buradayım" diye bağırıyor ama yine de yazayım.

Yukarıdan neden sarktığını bilmediğim, sümbül demeti detaylı turuncu yastık kılıfı Milano Moda Haftası'nda görüp âşık olduğum olay bir parça.

Altına serili pembe havlu, kişiye özel tasarımlarıyla gönlümü fetheden ama ismini hatırlayamadığım ve hatırlasam da size söylemeyeceğim İtalyan bir tasarımcıya ait.

Yüne olan aşkımı sanırım artık bilmeyen kalmadı; yeşil organik yün patikler Amsterdam'daki bir Garage Sale'den. Tanımadığım onlarca bebek tarafından giyilmiş olmasının getirdiği yaşanmışlık hissini seviyorum. Bir hikâyeleri var.

Yıldız desenli battaniye doğumda hediye gelenlerden, arka yüzünde organik iplikle "Hoş geldin Kerem bebek" yazıyor. Adının yanına bebek yazılmasını özellikle rica etmiştim, neden bilmiyorum.

Ve son olarak, düşmesin diye koltuğun köşesiyle sehpa arasına sıkıştırdığımız aşk bebeği ise ev yapımı!

Hayatlarındaki ışığı bebeklerinin stiline yansıtanlar, anneanne babaanne evinde hemen her konuda göğüs göğüse çarpışıp sonunda o paslı zindanda esir düşen kahramanlar! Size de selamlar!

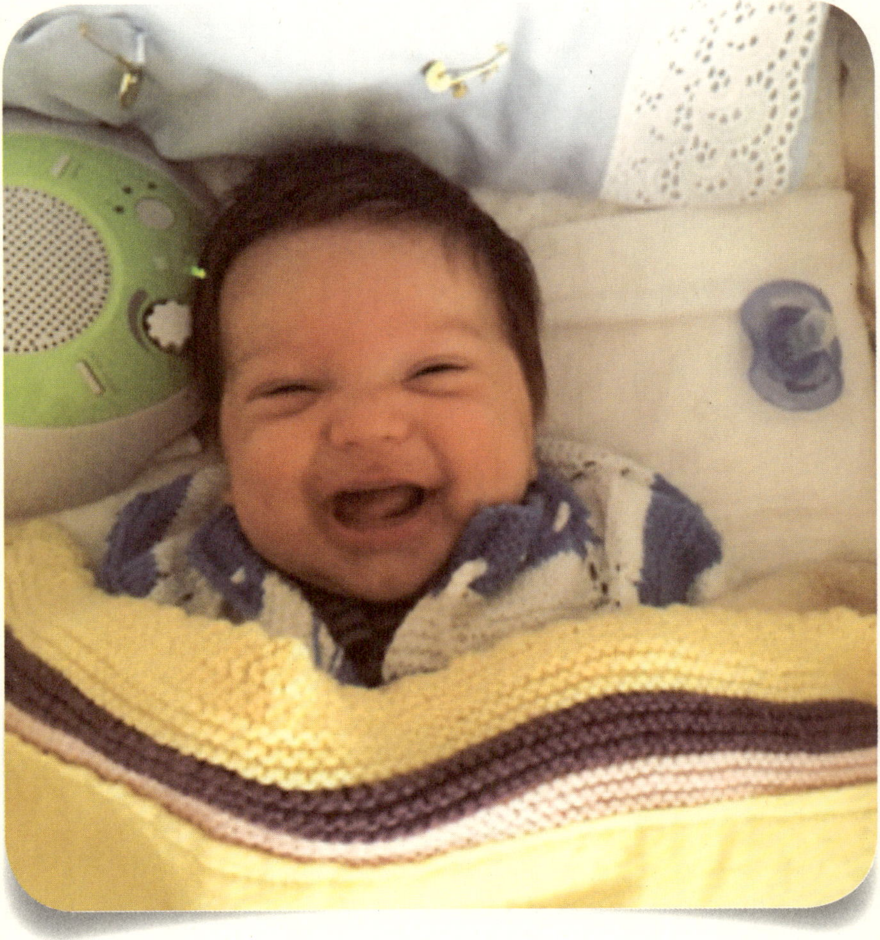

Emzik İspanya'dan, uyku seti İtalya'dan

Kerem'i doğduğu günden bu yana geleneksel ögelerden uzak tutmaya çalışarak büyüttüğümüzü sanıyorum artık bilmeyeniniz kalmadı. Müzik seçiminden yemek seçimlerimize kadar hayallerimdeki modern çocuğu büyütüyorum ve bunun için çok emek harcadığımı saklayamayacağım. Yün yelekler, yün battaniyeler, örgü patikler, kıro şarkılar, iğrenç yerli çizgi filmler, altın künyeler, kehribar kolyeler, altın iğneler, dantel ve tığ oyalı yastıklar, yorganlar, biber dolmaları, tarhana çorbaları... Hamileliğimin ilk gününden bu yana hepsinden uzak durdum ve suyu dâhil her şeyini yurt dışından getirttim. Fotoğraflara bakarken Güney İtalya'da çok şirin bir butikten aldığım bu uyku setine denk gelince sizinle de paylaşmak istedim. Gelecek soruları şimdiden toplu yanıtlamış olayım: Takım hâlinde satılıyor ve sadece bir set kalmıştı. Fotoğraftaki diğer ürün de kolik bebeğimizin beyninin tam içine yerleştirecek şekilde konumlandırdığımız white noise makinesi. Emzik ise Barselona'dan.

Gözleriyle nefes alan çocuklar

Türkiye'deyken sokağa çıktığımda kendimi ne kadar yalnız hissediyorsam bir Avrupa ülkesine gittiğimde de o kadar kendimi buluyorum. "Oh!" diyorum; "Tüm anne babalar benim gibi bilinçli ve rahat!" Öyle oluyor ki Kerem'i görüp bana "Hi! What a cute genius baby!" diye İngilizce konuşarak yaklaşan ve Türk olduğumu öğrenince çok şaşıranlar olmuştur.

Bir Türk ebeveyninin kendisini en fazla ele verdiği konulardan biri çocuk giydirmek. Orada çocuklar kendi kendine büyüyor, burada ise biz "büyütüyoruz."

Oradaki çocukların hiçbirini anaları "üşütmüyor", bir bizimkiler üşütük.

Aynı yaşlardaki iki çocuğu, aynı hava şartlarında yan yana koyun ve bakın. Hangisinin Türk bebesi olduğu konusunda hatasız yanıtla turu geçersiniz. Halbuki formül basit. Siz ne giyiyorsanız çocuk onu giyecek. Çok soğuksa, belki sadece sizden bir kat daha fazlasını. O da belki. Nedir bu anne babaların çocuğu dolma yapma sevdası anlamıyorum.

Çocuk soğuktan hasta olmaz, mikrop yüzünden hasta olur. Soğuktan hasta olsalardı Rusya'da çocuk kalmazdı. Yukarıda gördüğünüz bu zavallı çocuğu da sokakta görüp fotoğrafını çekmiştim.

Burnunu da kapatsaydınız da gözleriyle nefes alsaydı keşke. Evlenirken içine fanilasını da eksik etmeyin e mi, üşür.

Bebekle eve ilk geldiklerinde her odaya termometre yerleştirip, her uyandığında yelekle peşinde koşanların söylediklerimi anlamasını beklemiyorum. Avrupalılık böyle bir şey.

Bir nevi zirvede yalnızlık.

Çocuk soğuktan hasta olmaz, mikrop yüzünden hasta olur. Soğuktan hasta olsalardı Rusya'da çocuk kalmazdı.

Çocuk Beslenmesi

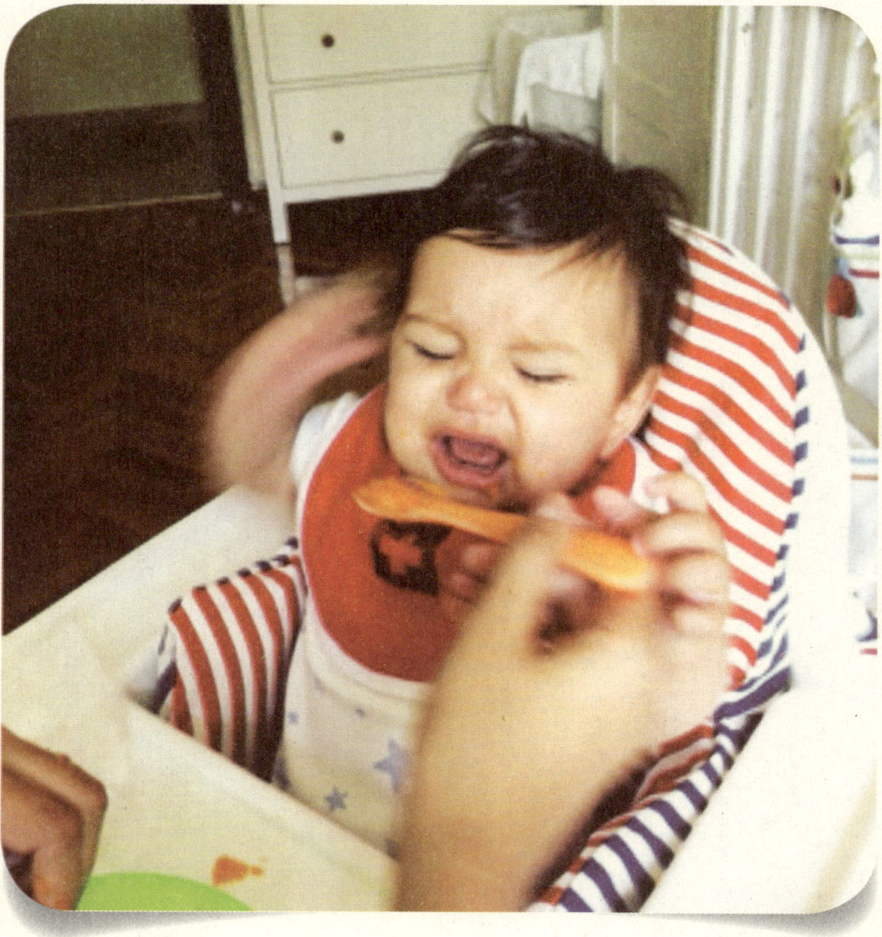

Heyecan dolu bir macera: Ek Gıda

"Kerem doğduğundan beri en keyif aldığın dönem hangisiydi?" diye sorduklarında hiç düşünmeden yanıt veriyorum: Ek gıdaya başladığımız dönem!

Küçük boy tencereler, cam rendeler, buharlı pişiriciler, yapışkanlı tabaklar, 360 derece dönen kaşıklar, siyez bulguru, keçi boynuzu özü, greçka, agave şurubu, avokado yağı, haşhaş ezmesi, amarant, maş fasulyesi, chia tohumları ile dolu lezzetli dünyanın kapılarını aralamak için resmen gün saydım.

> Ben de her anne gibi ilk kez benim çocuğum havuç yiyecekmiş gibi heyecanlıydım.

Ben de her anne gibi ilk kez benim çocuğum havuç yiyecekmiş gibi heyecanlıydım. Mevsimindeki sebze ve meyvelerin yazdığı çizelgeyi buzdolabına yapıştırdım. Dolapta Kerem'e özel

> Tavanda köfteler, çocuk ağlıyor, anne ağlıyor, AÇ AĞZINI diye inliyor, ipad'ler, telefonlar, uçan kuşlar, kaçan tavşanlar... Ne oluyoruz yahu?

bir ek gıda rafı düzenledim. Bazıları özel dolap alıyor, onu da faydalı buluyorum. Asla ağzına kaşık sokuşturmadım; peşinden kaşıkla koşmadım. "Yemezse yemesin, açlıktan ölen bebek mi var? Acıkınca söyler." dedim. Konuşamıyor olsa da mutlaka bir şekilde söylerdi. Olması gerektiği gibi, BLW yöntemini uyguladım. İkinci günden itibaren yemek saati gelince önüne tabağını koydum, keşfederek, dokunup hissederek kendi kendini besledi. 3 gün kuralı da işimize yaradı. 3 gün sadece chia verdim, baktım bir şey olmuyor, hep chia verdim. Daha 9 aylıkken pirzolayı veriyorduk; "Anne kekik koy!" diyordu minik gurmem. Öyle bir çocuk.

Bazı aileler görüyorum, evde yemek mi yenmiş, savaş mı çıkmış belli değil. Boya badana olacakmış gibi tüm salonu fışır fışır örtülerle kaplamışlar, kendince BLW denemeye kalkmış sonra yine kaşığı almış eline, duvarda, tavanda köfteler, çocuk ağlıyor, anne ağlıyor, AÇ AĞZINI diye inliyor, ipad'ler, telefonlar, uçan kuşlar, kaçan tavşanlar... Ne oluyoruz yahu? Kilosu gerideymiş. Ne yapalım? Yemiyormuş. Yemesin. Ama o kadar tarifler bulmuş, yapmış, uğraşmış. Demek ki tarifin hatalı veya eksik.

Çocuk karşısında deli görünce deliye bağlar. Senin gibi manyağı görüp "OK anne yemeğim bitince boya yapalım" mı diyecekti? Bir de bunların AVM versiyonu var. Hep sokakta denk geldiğim bu tip kem gözlü aileler bizim masayı gösteriyor: "Bak kardeş ne güzel yemek yiyor." diyerek. Kıyaslama yapmasını da doğru bulmuyorum ama içte içe gururlanmıyor değilim. Ayrıca benim oğlum kardeşi filan olamaz senin edepsiz çocuğunun. Benden uzak, tarhanaya yakın olabilirler mi lütfen?

Teşekkürler.

Acıkınca yer, açlıktan ölen çocuk yok

İştahsız bebek yoktur, yanlış beslenme biçimi vardır. Nokta.

Envai çeşit yöntem var. Mutlaka biri veya birkaçı size çare olacaktır, yeter ki deneyin.

*Onu sofranıza dâhil edin.

*Ara öğünlerle metabolizmasını hızlandırın.

*O istemediğinde ısrar etmeyin ve yemeği kaldırın.

*Sebze ve meyveleri sırayla deneyerek neyi sevdiğini bulun.

*Uykuluyken ve yorgunken sofraya oturtmayın.

Bu kadar basit. Çocuk beslenmesi konusunda bekârlık günlerimdeki bakış açımı aynen koruyorum: "Çocuğum olursa zorla yemek yedirmeyeceğim." derdim, asla da yedirmedim. Hem sonra ters teper. İstediğini yer, istemediğini yemez. Hem açlıktan ölecek değil ya, elbet yiyecek. Ayrıca öyle oyunla yemek olmaz. Yemek yerken sadece yemek yenilir. Şaklabanlıklar yapmaya da lüzum yok.

Kendisi için yiyor, benim için mi? Yemezse aynen kaldırırım. Siz de kaldırın.

Kaldırsanıza.

Yemeyen çocuğu da yedirir: Açık hava

"Çocuğum iştahsız, ne yapsak olmuyor." diye şikâyet eden anne babalar gördüğümde bir önceki sayfada söylediklerimi tekrarlıyorum önce bir tur. "İştahsız çocuk yoktur, sen beceremiyorsun." diyorum özetle. Sonra başlıyorum ayrıntılı direktiflere: Bir şeyler yaptırırken yanı sıra yemek yedirilmez. Çocuk yemek yediğini bilecek, amacı yemek yemek olacak. Yemek bitirmek herhangi bir şey için rüşvet konusu olamaz.

En olmadı, her çocuğu dize getiren formülü paylaşıyorum: Açık havada yemek yedirmek. "Çocuğunuz yeme problemleri yaşıyorsa yemek yeme ritüellerinde küçük değişiklikler yapabilirsiniz. Arada bir mekan değişimi yapmak bunlardan biri. Açık havada yemek yemeyen, iştahı açılmayan çocuk görmedim." diyorum.

Duydum ama görmedim. Yok galiba duymadım da.

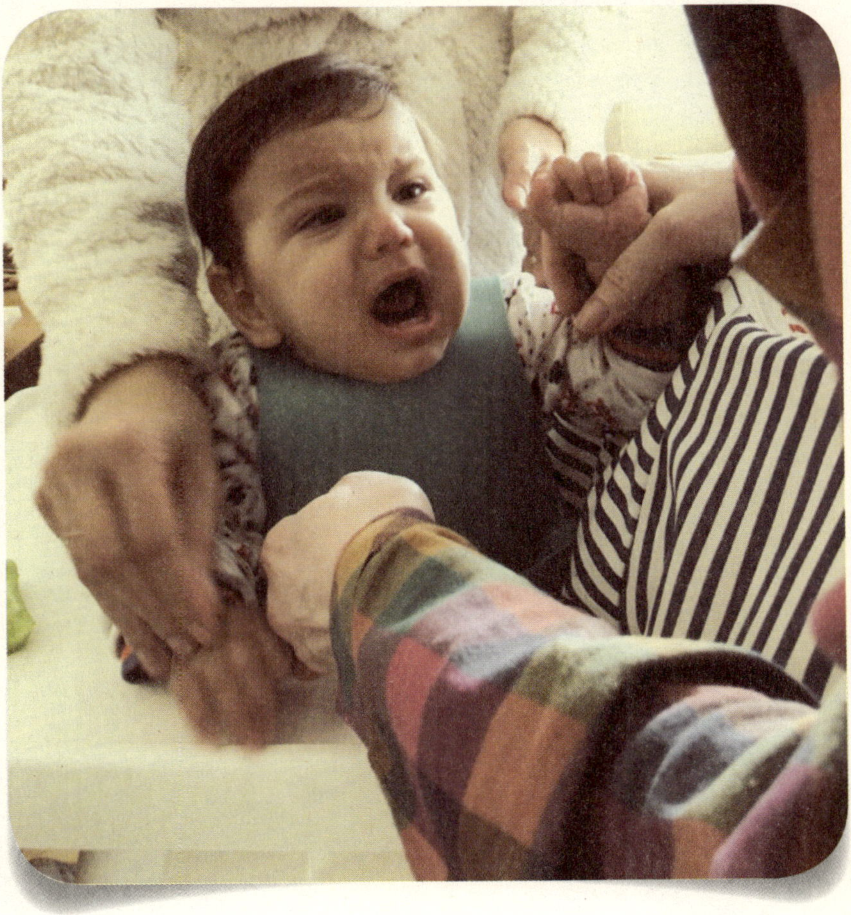

Onu sofranıza dâhil edin

Çocuğunuza yeme alışkanlığı ve sofra kültürü kazandırmanın en iyi yolu onu kendi sofranıza dâhil etmek. Mama sandalyesini kendi yemek masanıza yaklaştırarak önüne alternatifli yiyecekler koyun. Sizi taklit ettiğini görecek ve hayret edeceksiniz.

Bizde öyle oldu.

Elde çatal, kafada tabak

Çocukların erken yaşta masa düzeniyle tanışması, yaşına uygun çatal bıçakla yemek yemesi çok önemli. Kendi kendine yetebilmesi, motor gelişiminin yanında benim gibi titiz birinin çocuğu tabii ki kafasını tabağa gömmez, avuçlarıyla yemek yemez.

Yiyemez.

Yedirtiyormuşsunuz, yedirtmem!

En has, en öz, en hakiki organik

Çocukların sağlıklı ve organik beslenmesi her anne babanın en önemli gündemi olmalı. Kerem'in haftalık beslenme planı 6 ayı doldurduğu günden beri bellidir. Fikir vermesi için, sağlıklı ve besleyici tariflerle her hafta değiştirdiğimiz çizelgeden küçük bir kesit: Açma, börek, poğaça, mercimek köftesi, yaprak sarma, çörek ve pasta. Hem de hepsi glutensiz ve rafine şekersiz! Üstelik un, yumurta, süt de yok. Hepsini havayla ve suyla yaptık!

> Kerem'in haftalık beslenme planı açma, börek, poğaça, mercimek köftesi, yaprak sarma, çörek ve pasta.

Yerseniz.

Minik gurmeniz için pratik bir tarif: Bebek iskenderi

Ne yiyorsak oyuz.

Beslenme konusu benim için çok önemli ve bu konuya dikkat etmeyenlerle ne yaparsam yapayım sağlıklı iletişime geçemiyorum. Başıma bir ağrı saplanıyor.

Evde yemek yemenin sağlıklı, ekonomik ve birleştirici olması bir yana, sofra kurmak başlı başına bir sanat benim için. Çok ama çok nadir de olsa dışarıda yemek yediğimiz oluyor, o zamanlar Kerem'in yemeklerini yurt dışından getirttiğim özel magictermostatik çantalarda hep yanımda taşıyorum. Sizinle kendisinin en sevdiği tabağı paylaşmak istedim, belki ilham olur:

Kağıtlar kalemler hazırlandıysa işte #bebekiskenderi tarifim!

Buğday ruşeymi ve organik bebek suyu kullanılarak mayalanan pide yatağında, Çanakkale'deki çiftliğimizde yetişen ve sadece dağ kekiğiyle beslenen, özgür gezen ve dünyada nesli tükenme tehlikesiyle karşı karşıya olan aşşşırı özel cins kuzu etinden döner, yanında anne sütünden yapılmış ve 72 saat mayalanmaya bırakılmış organik ev yoğurdu ve üstüne Trabzon'dan getirttiğim tuzsuz öz hakiki tereyağı ve bolca anne sevgisi ile son dokunuş. Anne sevgisi serperken bazen bende ayar kaçıyor, "Upss!" diyorum, "Yine fazla koydum!" Siz onu iyi kötü ayarlarsınız artık.

Mama kaşıklarında, önlüklerinde, tabaklarında kendi ismi yazan tüm minik gurmelere afiyet olsun!

Çikolatanın tadını bilmez

Kerem'e asla işlenmiş şeker, çikolata vermiyorum. Bir doğum günü mü var, ortaya fırından taze çıkmış profiterol mü geldi? Çıkarıyorum evden getirdiğim brokoliyi, pırasayı; çıtır çıtır keyifle yiyor.

Eğitim işi.

Fast food mu? Bizim evde mi?

Çocuğumu büyütürken taviz vermediğim konuların başında sağlıklı beslenme geliyor. İnternette yapacağınız kısa araştırmalarla pratik ve sağlıklı tariflere ulaşmanız çok kolay, kimse bana üşenmekten bahsetmesin. Geçen gün çocuklu arkadaşlarımız geldiğinde ne yapalım ne yapalım diye düşündük ve evdeki sınırlı malzemelerle şahane bir sofra çıktı ortaya.

Yapımına onları da dâhil ettiğimiz pırasalı tart, kuşkonmazlı buğday salatası ve fırında karambola ile harikalar yarattık. Çocuklar mutlu ve sağlıklı, anne babaların içi rahat! Çocuklarınızı kendi ellerinizle zehirlemeyin. Sağlıksız yiyecekleri siz de tüketmeyin. Tüketecekseniz çocukları bu rezalete dâhil etmeyin. Kapı önünde yiyip gelin. Siz patates kızartması yiyerek onu pırasaya teşvik edemezsiniz. Hepinizden nefret ediyorum :(

Uyku Eğitiminin Abc'si: Uykusu Gelince Uyur

Uyku eğitiminde melez yaklaşımlar: "Ağlat-morart-aynala-günlük tut!"

Çocuğu uyku sıkıntısı çeken, aile boyu uykusuzluk mağduru hemen her ailenin gündemine en az bir kere girmiş bir konu uyku eğitimi. Bu bölümde ilham verici uyku maceramızdan kesitler sunacağım.

Kerem'le hastaneden eve geldiğimiz gün, eve girdiğimiz gibi "Anne ben odama gidiyorum." dedi. Ya da öyle dercesine birtakım hareketler yaptı, şu an net olarak hatırlamıyorum. Doğduğundan beri kendi odasında, kendi yatağında tek başına uyudu. Bebeğimizin bağımsızlık kazanması için bunun çok önemli olduğunu düşündük.

Diş çıkarma döneminde ise küçücük bir uyku eğitimi vermemiz gerekti. Bir uyku rutini oluşturarak başladık işe. Önce odasındaki ışıkları kısıp karartmalı perde aldık. Her akşam aynı saatte Youtube'dan "Brahms Lullaby 12 Hours" isimli müziği açıp uykuya geçişi kolaylaştırıcı kitaplar okuduk. Saat 19.00 olunca da uzmanların tavsiye ettiği gibi, kendimizden üçüncü tekil şahıs olarak bahsedip "Anne baba seni çok seviyor, ama artık uyku zamanı. Bu geceden itibaren kendi başına uyuyorsun." dedik ve odadan çıktık.

İlk gün ağladı. Ağladığı anda kucağımıza aldık, sustuğu anda geri koyduk. O "YUHAAHAHAHAH!" diye tırnaklarını kerpetenle çekiyormuşuz gibi bağırırken biz sakin ve sevgi dolu bir ses tonuyla odanın bir köşesinde durarak, "Kerem ağladığını görüyorum ama gelemiyorum. Odanın kapısındayım. Sorun ne? Kendini nasıl hissediyorsun?" diyerek aynalama yöntemini uyguladık ki kendini ifade edebilsin.

"Ağlat-morart-aynala-günlük tut" yöntemiyle Kerem bugün günde 18 saat uyuyabiliyor. Yorgun olduğu günlerde bu süre 20 saate kadar çıkabiliyor.

Uyku günlükleri tuttuk. "Bu gece 643894623 kez uyandı", "Araba istedi", "Tokat attı", "Isırdı", "Kendimi camdan atmak istiyorum", "Süt almaya gidip eve geri dönmeyeceğim" vb. gibi. Çok faydasını gördüm, tavsiye ederim. "Ağlat-morart-aynala-günlük tut" yöntemiyle Kerem bugün günde 18 saat uyuyabiliyor. Yorgun olduğu günlerde bu süre 20 saate kadar çıkabiliyor. Kalan 4 saatte de çeşitli Montessori aktiviteleri gerçekleştiriyoruz.

Özellikle yeni annelere, hiçbir yerde duymadıklarına inandığım önemli bir tavsiyem var: Bebeğiniz uyurken siz de uyuyun.

Evi bok götürse ve yapacak başka milyon tane işiniz olsa da eminim size yardım edecek kişiler etrafınızda dört dönüyordur ve lohusa kafasıyla hepsinin evinize doluşmasından aşırı mutlusunuzdur. Gidin uyuyun.

Ve bir daha geri gelmeyecek olan bu büyülü günlerin tadını çıkarmaya çalışın!

Günaydın meleğim!

Kerem uyandığında yatağında kendi kendine oyalanabilen, kendi kendine yetebilen bir çocuk. Bazen öyle oluyor ki neredeyse yarım saat sesi soluğu çıkmıyor, ben özleyip yanına gidiyorum. Bu özgüveninin gelişmesi için de güzel bir adım. Bazı çocuklar uyanır uyanmaz ağlayarak anne babalarını çağırıyor ve oyalanmak, oyun oynamak için onlara ihtiyaç duyuyorlar. Şaşıyorum doğrusu. Ağlar ve susar. Sonunda da öğrenir. Hayret bir şey.

Benzin deposu boşalasıya, dalsana yavrum uykuya

Bekârlık günlerimden beri, arabada uyuyan çocuğu uyandırmamak için arabanın deposunu boşaltana kadar gezenlere çok gülerim. Oğlumuz arabada uyuduysa her ne şartta olursa olsun birinci karedeki gibi alıyoruz kucağımıza ve eve getiriyor, yatağına usulca bırakıyoruz. Sadece 1 dakika sonra çekilmiş olan ikinci karedeki çocuğu Google'dan buldum. 1.5 saat daha uğraşıp sonunda uyutmak için yeniden arabaya dönen çıldırmış bir çift de buldum ama mahremiyete gireceği için yer vermiyorum. Sonuçta bize ne elalemin hayatından? Huzur kapısı uykuyu savaşa çeviren tüm ailelere dua ediyorum.

Allah yar ve yardımcıları olsun, hepsine akıl fikir ihsan eylesin.

Bizimki gürültüde uyuyor, zile basar mısınız?

Önceki bölümlerde Kerem'i her alanda kendi hayatımıza uydurduğumuzdan bahsetmiştim. Uyku meselesinde de bu tutum değişmedi. Doğru yaklaşımımız sayesinde Kerem her yerde ve her şekilde uyuyabilen bir çocuk oldu. Peki ama nasıl?

Çocuk uyuyor diye hayatı durduran çaresiz ebeveynlerden değiliz. Bilhassa Kerem uyurken evde ses çıkaran her şeyi aynı anda açmaya özen gösteriyoruz ki alışsın. O uyuduğunda çivi çakıyoruz, kullanmasak da elektrik süpürgesini açık tutuyoruz. Yandaki inşaata "Duvar kırma işlemini tam şu an başlatabilir misiniz?" diye özellikle rica ediyor; mahalledeki çocukların bizim pencerenin tam altında maç yapmalarına bayılıyor ve hatta kendilerine üçlü çekiyor ve ortamı ısıtıyoruz.

Tam o sırada uzaklardan 10 oktavla simitçi geçiyor; bize daha da yaklaşsın diye dilek tutuyoruz içimizden. Üst komşu evde misket hoplatıp, tüm ev aletlerini aynı anda çalıştırıp, bir yandan da son ses müzikle parti verdiğinde teşekkür çikolatası götürüyoruz. İyi ki varlar.

Apartman kapısında zilimizin üstünde "Oğlumuz gürültüde uyuyor, kime gelmiş olursanız olun kapıyı açtırmak için bizim zilimize basar mısınız?" yazılı bir not var.

Tatilde mi uyudu, otel diskosuna pusetle gidiyoruz. 7 gün arkadaşlarla otel odasının balkonunda çekirdek çitlemiyoruz.

Otomobilde mi uyudu, çat diye uyandırıyor ve iniyoruz arabadan. Bir önceki bölümde de vurguladığım gibi, uyumaya devam etsin diye depoyu boşaltasıya dolaşmıyor ve selfie çekmiyoruz. Bu yaklaşımım sayesinde gündüz uykuları 6 saate kadar çıkabiliyor. Çünkü rahat anne, rahat bebek.

Hayata bakış açım bu şekil.

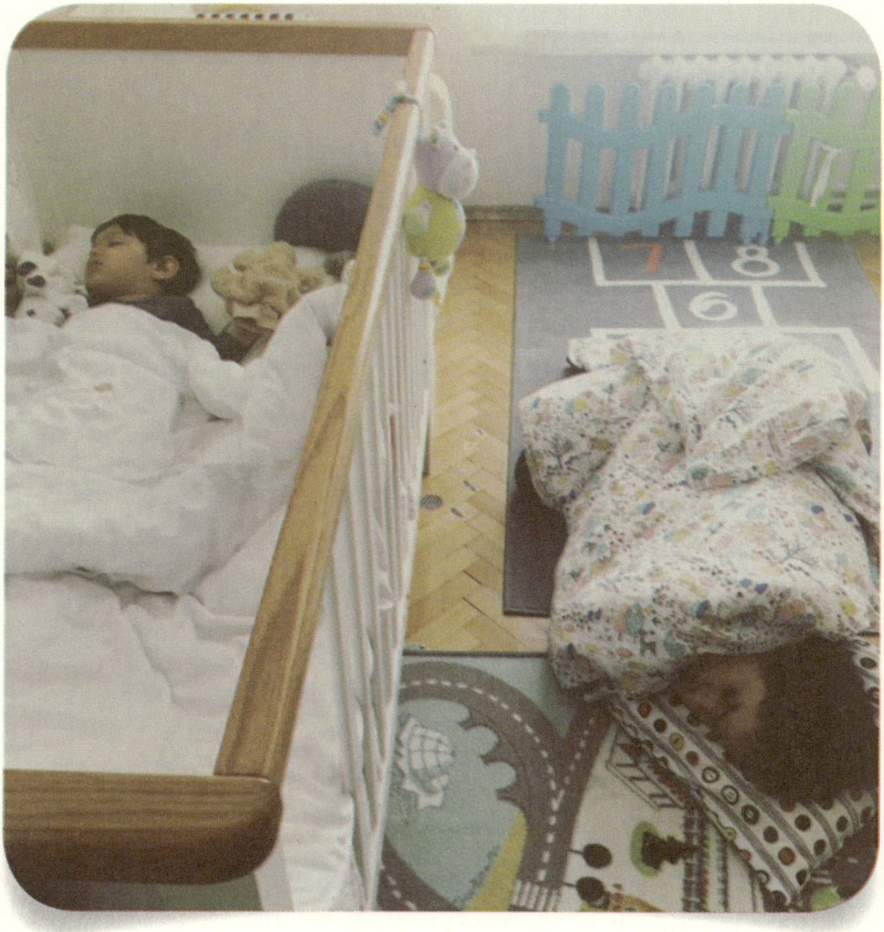
7
8
6

Patronun kim olduğunu ona gösterin

Bizim evde herkesin yeri, yurdu, yatağı bellidir. Çocuk uyuyacak diye düşülen sefil hallere, "Aman o uyusun da..." diyerek teslim edilen iplere, el kadar çocuk tarafından ele geçirilmeye karşı tavrım net: Benden uzak, Tracy Hogg'a yakın. Çocuğa ilk günden patron kim göstereceksiniz ki sınırlarını bilecek. Halıda yatan patron mu olur? Bu ailelerin çocukları gün gelecek yetişkin olacak ve aramıza karışacaklar. Çocuklarımızı nasıl koruyacağız? Sanırım Kerem'i buğday ruşeymiyle besleyerek evde eğiteceğim.

Çocuğa ilk günden patron kim göstereceksiniz ki sınırlarını bilecek. Halıda yatan patron mu olur?

Siz çocuğa uymayacaksınız, çocuk size uyacak

Çocuk yetiştirmeyle ilgili ilk mottom "rahat anne rahat bebek" ise ikincisi de "Siz çocuğa uymayacaksınız, çocuk size uyacak." İşte bu kadar. Rahat olmaya önce uyku konusunda başlayacaksınız.

"Uyusun uyansın, biz öyle çıkacağız", "Çocuğun uyku saatine denk getiremezsek olmaz", "Uyuyor, uyanmadan gelemeyiz" gibi sosyal hayatı öldüren pek çok saçma bahaneyi öne süren anne babalar görüyorum. Çocuk uyuyor diye geç mi kalalım her yere? Çocuk uyuyorsa uyandırın ve çıkın kardeşim. Yolda uyumaya devam eder. Bizim belli uyku saatimiz mi vardı? Robot mu bu çocuklar? Hem çok tatlı oluyor uykusunu almayınca. O kadar tatlı oluyor ki.

> Çocuk uyuyor diye geç mi kalalım her yere? Çocuk uyuyorsa uyandırın ve çıkın kardeşim. Robot mu bu çocuklar?

O kadar.

Isır ısır ye.

Çocuklar ve Teknoloji: "Benden İyi Kullanıyor"

Telefon mu, pırasa mı?

Çocukların teknolojiyle olan ilişkisini biçimlendirmek, yön vermek her konuda olduğu gibi yine biz anne babaların elinde.

Uzmanların dilinde tüy bitti ama hâlâ anlamamakta direnenler oluyor: Çocuk eğitiminde taviz verilmemesi gereken en önemli noktalardan biri televizyon, telefon ve tablet kullanımı. Bu teknolojik aygıtlar özellikle 2 yaş öncesi için çok sakıncalı olduğundan, çocuğun zihinsel ve sosyal gelişimini gerilettiği/yavaşlattığı bilindiğinden biz de bu konuda Kerem'e kırmızı çizgiler koyduk. Yanında asla telefonlarımıza dokunmuyoruz. Yemek yemedi diye, ağlama krizine girdi ve tutturarak istiyor diye telefonumuzu vermiyoruz. Onun yerine pırasa, kereviz teklif ediyoruz. Çocuğa alternatif sunduğunuzda dikkati başka yöne çekilecektir. Çocuk bir şekilde bu aygıtlara maruz kaldıysa da çocuğu pasifize etmeden, "Bak bu güneş, bu kedi" diye seslendirerek oyuna dâhil olabilirsiniz.

> Kerem'e kırmızı çizgiler koyduk. Yemek yemedi diye, ağlama krizine girdi ve tutturarak istiyor diye telefonumuzu vermiyoruz. Onun yerine pırasa, kereviz teklif ediyoruz.

Yanında mal gibi yatmamalısınız.

13 yaşına kadar asla!

Belli bir yaştan önce televizyonun çocuğun dil ve sosyal gelişimi açısından sakıncalarını duymayan anne kalmamıştır diye düşünüyorum. Kerem televizyonun ne işe yaradığını 1 yaşına kadar bilmiyordu, hâlâ da bilmiyor. Beşiğinde dikilip karşı apartmanda açık televizyona bakan çocuklar varmış. Kitap için arşiv çalışması yaparken kütüphanelerde buldum bu fotoğrafları.

Biz 13 yaşına kadar televizyon izletmeyeceğiz.

Ahşap karnabahar Youtube'a karşı

Bir arkadaşımın arkadaşının arkadaşının arkadaşı, toplantının ortasında Youtube'u açınca ekranı envai çeşit çizgi film doldurmuş. Görünce çok üzüldüm. Ekranın zararları konusunda hâlâ bilinçlenmeyen anne babaları gördükçe kanım çekiliyor. Tamamen eğitim işi. Bizim evde ışık veren tüm aletler dolaba kaldırıldı. Kumanda dâhil. Telefonları girişte posta kutusuna bırakıyor, dumanla haberleşiyoruz. 13 yaşına gelince ayda bir kere sadece 5 dakika belgesel izletmeyi planlıyoruz Kerem'e. Dışarıya çıktığımızda da herhangi bir ekrana maruz kalırsa sokakta tesadüfen denk geldiğim o manyak çocuklar gibi delirmeyip, ahşap oyuncaklarına dönüyor. "Ahşap karnabahar oyuncak mı, Youtube mu?" diye sorduğumuzda "Ahşap karnabahar!" diyor. İşte böyle bir çocuk.

Telefonları girişte posta kutusuna bırakıyor, dumanla haberleşiyoruz. 13 yaşına gelince ayda bir kere sadece 5 dakika belgesel izletmeyi planlıyoruz Kerem'e.

Bitmeyen Vicdan Muhasebesi: Çocuk Mu, Kariyer Mi?

O diplomaları kaka temizlemek için mi aldın?

Merhaba!

Ben annelere gönüllü olarak kariyer danışmanlığı veriyorum. Bu meslekte proaktif olmanız çok önemli. Anne olduğunu öğrendiğim kadınları tespit edip hemen yanlarında bitiyorum; sorduğum ilk sorulardan biri çalışıp çalışmadığı oluyor.

> Çalışan anneleri çocuklarına ve eşlerine yeteri kadar zaman ayırmadıkları için ayıplıyorum.

Doğum sonrası mesleğine ara vermiş anneleri ayıplıyorum, elimde değil. "O kadar diplomayı evde kaka temizlemek için mi biriktirdin?" diye soruyorum. "Üretmen lazım, çalışmalısın!" diye ekliyorum. "Ev rahatına bir kere alıştın mı bir daha işe dönmen zor." diyorum. Ev rahat çünkü, biliyorum. Onlara çalışmayan anne diyorum, çünkü çalışmak öyle olmaz. "Bütün gün evde ne yapıyorsun allah aşkına, ben deliririm vallahi..." diyerek gözlerimi deviriyorum

Kendini iyice saldığı da gözümden kaçmıyor. Cevap verecek gibi oluyor, bakıyor ki aşırı haklıyım, vazgeçiyor.

"İlk 13 yıl sadece sana ihtiyacı var."

Çalışan anneleri ise çocuklarına ve eşlerine yeteri kadar zaman ayırmadıkları için ayıplıyorum (Kendilerine ayırdıkları zamanla çok ilgilenmiyorum). "Çocuk senin çocuğun, bakıcının değil." diyorum. "Senden iyi kimse yetiştiremez." diyorum. "İlk 13 yıl sadece sana ihtiyacı var." diyorum. Diyorum da diyorum... Anneanne babaanne bakıyorsa yine bir derece yumuşuyorum, bakıcı varsa bazen uzaklara dalıp yorum yapmıyorum; bazen bodoslama dalıyorum. Tamamen iyi niyetimden. Gün içinde çocuğumla geçirdiğimiz kaliteli zamandan, yaptığımız Montessori aktivitelerinden bahsediyor; Instagram'daki fotoğraflarımızı gösteriyorum ona. Hiç duymadığı veya okuma hevesiyle alıp okuyamadığı çocuk gelişimine dair kitaplardan alıntılar yapıyorum. Vicdanını rahatlatmak için hemen her gün hediyelerle eve gelmesinin ne kadar yanlış olduğunu söylüyor; "Onun ihtiyacı sensin, hediye değil anlasana..." diyorum.

"Çocuğuna bir yemek bile yapamıyor, bugün ne yediğini bilmiyor, en güzel anlarını kaçırıyorsun, NE İÇİN HA, NE İÇİN?" diyorum. "Ama..." diyor, bakıyor ki yine aşırı haklıyım; susuyor.

Tüm bunları çoğunlukla bir arkadaş/teyze/anne rahatlığında, alttan alttan, tatlı tatlı yapıyorum. Sonra annelik üst kurulu tarafından bana layık görülen madalyamı gösteriyor ve kendime maşallah deyip gönül rahatlığıyla yuvama dönüyorum.

Bakıcıya çocuk doğurmak

"Biz bakıyoruz bebeğimize. Öyle yazıldığı gibi 2 tane dadı değil, 1 tane dadı bile yok. Ben kendim bakıyorum çocuğuma, ben kendim bakmak istiyorum ve büyük bir zevkle keyifle bakıyorum. Hiçbir anını kaçırmak istemiyorum. Olabildiğince az uyuyup onunla çok vakit geçirmeye çalışıyorum. Hiçbir mimiğini kaçırmak istemiyorum. Bir başkası için doğurmadım; başkası büyütsün diye doğurmadım. Annelik görevini sonuna kadar yerine getirmek istediğim için seve seve bakıyorum."

(Şubat 2017, Hürriyet)

Bu satırların sahibi pek ünlü bir Türk pop şarkıcısı. Bu haberden sadece 4 ay sonra iki bakıcıyla çalışmaya başlamış ama olsun. Bu haberi okuyunca çocuk sahibi olmaya karar verdiğimiz o günlere geri gittim.

O zamanlar tanımıyorum tabii; Asiye Abla diye biri geldi. "Hande..." dedi, "Ben çocuk bakmak istiyorum, benim için doğurur musun?" Önce biraz düşündüm; sonra "Ya istediğin çocuk olsun Asiye Abla" dedim, "Doğuruyorum hemen." İşte hazırlık süreçleriydi filan, Can'la konuştuk ettik, onun da aklına yattı. Erken de doğurdum vücudum bozulmasın diye. Annelik görevlerimi yerine getirmek istemediğim için de ilk günden beri çalışıyorum. Arkama bakmadan kaçtım evden. Bazıları vicdan filan yapıyormuş, anlamıyorum gerçekten. Zaten tüm özel anlarını, mimiklerini filan da kaçırmak istiyordum; böylesi ikimiz için de daha iyi oldu. Haber geliyor dişi çıktı filan diye, "HA OK" diyorum. Sonuçta Asiye Abla bakıyor, onun derdi tasası. Şimdi bol bol uyuyup, işe gidip çocuğumla olabildiğince az vakit geçiriyorum. Herkese tavsiye ederim.

Gerçekten müthiş bir his.

Doğurduysan bana mı doğurdun?

Merhaba!

Ben yöneticiyim. Ekibimdeki kadınların korkulu rüyasıyım. İşe alırken çocuk düşünüp düşünmediğini sorar, sözleşme imzalatırım. Hamile kalanların vay hâline. Bana söylemek için cesaretlerini toplamaları birkaç ayı alır. Söylediklerinde tebrik bile etmem. Ne kadar süreliğine izne çıkacağını sorarım onun yerine. Yasal izin hakkını söylediğinde "Ayşe doğumdan 15 gün sonra dönmüştü işe." derim. Herkes Ayşe gibi olmalı çünkü. Çocuklu kadın benim için çalışan değil, problemdir. Bir annenin pek çok kişiden daha "multitasking", organizasyonel anlamda daha yetkin olabileceğini düşünmem. Hiçbir zaman yeterli performansı sergilediğine ikna olmam. Kendisi de ikna olmaz, fazladan çabalar. O çabaladıkça ben her fırsatta laf sokarım. "O hafta sonu gelemez, çocuğu var ya malum..." derim. Bir anneyle iş görüşmesi yapıyorsam, "Anne olman beni düşündürüyor. Beni ikna et." derim. Doğum izninden yeni dönmüş anneyi masasında bulamadığımda ve süt sağmak için şirketin ücra köşelerine gittiğini duyduğumda, "Doğurduysa bana mı doğurdu!" diye bağırırım ulu orta. Diğerlerine de gözdağı olsun. Doğurmasınlar. Sigaraya çıksa böyle koymaz, ama süt koyuyor. Bazısını doğum iznindeyken veya döner dönmez kovarım. Anne çalışanların çocukları hastalanır da doktora gitmeleri gerekirse izinlerinden yarım gün düşürtürüm. Çocuğun gösterisi, okulun ilk günü, son günü filan zaten ilgi alanım değil. Anne veya baba olan versiyonlarım bazen çocuksuz versiyonlarımdan daha acımasız bile olabiliyor. Şansınıza ne düşerse artık. Bana kendini şirkete adamış, ne zaman çağırsam gelen, etine dolgun tavuklar, memeleri dolu inekler, hazır kıta askerler lazım. Sizin gibi sürekli diken üstünde yaşayan, yetersizlik duygusundan kalbi, bedeni, ruhu bölünmüşler değil. Siz evde oturun, çocuk büyütün. Sonra "Hımmm bayağı ara vermişsin ama" diyerek dönüşte de işe almayacağım, haberiniz olsun.

!!!!

Bakıcı faşizmi ve diğer meseleler

Merhaba ben bir anneyim.

Çocuğumun/çocuklarımın bakımını bir bakıcı ile birlikte yürütüyorum. Elbette Türk değil.

Bakıcı(mız)dan başkalarına bahsederken milliyetini vurgulamaya özen gösteriyorum. "Özbek, Kazak, Filipinli bakıcımız" diyorum. Onlar böyle bir şey sormuyorlar ama ben önden belirtme ihtiyacı hissediyorum. İnsanları doğdukları, yaşadıkları yerlere göre gruplayıp buna göre çıkarım yapıyorum.

> "Bütün Y'ler böyle! A memleketindekilerin hepsi hırsız, B'liler ise çok pasaklı."

Faşizme karşıyım ama bana kadar. Başkasının faşizminin bittiği yerde benim faşizmim başlar. Benimkinin bittiği yerde de başkalarınınki. Yani adalet, demokrasi, eşitlik. Ve bunun gibi şeyler.

Genellemeleri seviyorum, hemen her şeyi genellerim. Bakıcı konusunda da bu tutumum değişmiyor. Bakıcılarıyla yaşadıkları sıkıntıları anlatıyorlar bana mesela; çat diye yapıştırıyorum yorumu, "Nereliydi seninki? Hah, bak nasıl bildim! Bütün Y'ler böyle! A memleketindekilerin hepsi hırsız, B'liler ise çok pasaklı." diyorum. Memleketlerinin havasında mı suyunda mı bir şeyler var, zehirlenip geliyorlar. Biri "Bütün Türkler böyle!" dese deliye dönerim ama.

Biz bakıcı(mız)a her sabah günaydın diyoruz, insan gibi davranıyoruz.

"Aman tepenize çıkarmayın, ben çok yüz verdim."

"B'ler hain oluyor."

"Paramızla rezil oluyoruz!"

"Y'leri eve sokmam ama Z'ler çok iyi."

"F'ler çok açık giyiniyor, en başından uyar."

"Sabah 05.30'da kalkıp ütüleri çamaşırları halletsin, işi ne?"

"Yiyeceklerini, çatalını, bıçağını ayır."

Bunlar yakın arkadaşlarıma bakıcılarla ilgili verdiğim tavsiyelerden bazıları. İpleri baştan sıkı tutsunlar, sonra kim evin hanımı, kim bakıcı karışır. Bir bakmışsınız siz kapının önündesiniz!

Biz bakıcı(mız)a her sabah günaydın diyoruz, insan gibi davranıyoruz. İnsan gibi davranıyor olmamın özellikle vurgulanması gereken bir konu olduğunu düşünüyorum, çünkü susuz yemeksiz bırakanlar da varmış, duyuyorum.

Bakıcımızın bizimle profesyonel bir ilişki kurmasını istiyorum, çünkü o da bir beyaz yakalı sayılır. Beyaz yakalı tişörtleri var. Bakıcımızı bizim plazadaki çalışanlarla bir tutuyor, yetkinliklerini ve yetersizliklerini buna göre değerlendiriyorum. Ama bazen de kendime denk görmüyor, haddini bildiriyorum. Değerlendirme parametrelerim değişiyor.

Bakıcımızın bizimle profesyonel bir ilişki kurmasını istiyorum, çünkü o da bir beyaz yakalı sayılır.

Bakıcıların parkta birbirleriyle muhabbet etmesine katlanamıyorum. Birbirlerine işlerinden yakınıp, birbirlerini şişirip duruyorlar. Elimden gelse hiç dışarı çıkartmayacağım ama işte çocuk iki sallansın, temiz hava alsın diye göz yumuyorum. Ben iş arkadaşlarımla fiskos yapıyor muyum? A bir dakika. Yapıyorum. Ama olsun, o benimle bir mi?

İstesem hayatını karartabilirim. Kara listeye alınması için pasaportunun fotoğrafını çekip facebook gruplarına koymam yeterli. Ama dediğim gibi insaflıyım.

Birkaç örnek vereyim de neler yaşadığımı anlayın.

Geçen gün çok sevdiğim çikolatamın azaldığını fark ettim. Kameradan izledim, bizimki yemiş! İtalya'dan getirdiğim 0.50 Euro'luk fiyonk makarnaları da yemişti ve sağlam fırça çekmiştim. Bu kaçıncı? Hayır yani konuşmak ayıp diyorlar da hiç de öyle olduğunu düşünmüyorum. "Canı çekmiştir belki." diyenler oluyor, çekmesin kardeşim. Suyunu yemini koyuyoruz odasına, yediği önünde, yemediği arkasında. Daha ne istiyorsun?

Birlikte 3 kez tatile çıktık. Ne zaman tatile gitsek, çalıştığını unutup sıcaktan mayışıyor. "Denize girebilir miyim?" diye sordu hatta bir kere, inanabiliyor musunuz? "Hop" diyorum "Biz tatildeyiz, sen değil. Kendine gel." Ardından arkadaşlarla toparlanıp denize gidiyoruz, çünkü hava 65 dereceyken yapılacak başka şey gelmiyor aklıma. Evden çıkarken "Klimayı düşman malı gibi köklemez inşallah." diye içimden geçirmiyor da değilim. Elektrik faturasını maaşından keserim gerekirse.

Çevreme, "O da bir şey mi! Sana bomba bir şey anlatayım…" diye anlattığım başka bir olay daha…

Bizim evin her yeri kameralarla çevrili. Kendi odasında yok sanıyor ama orada da var, nerede ne döneceği belli olmaz. Geçen hafta kameradan gördüm, tuvaletten 15 dakika çıkmadı. "Hayırdır?" dedim, "Ne oldu?" Kabız olmuş. Ve bizim bundan haberimiz yok! Bu tip şeyleri haber vermesi gerekiyor, biz de ailecek ona göre önlemimizi almalıyız. Onun kabız olmasına karşı ne önlem alacağız bilmiyorum; belki popolarımıza maske takarız.

Geçen hafta kameradan gördüm, tuvaletten 15 dakika çıkmadı.

Gelelim kanayan yaramız, izin ve hastalık meselesine. Yasal hakkı olan haftalık iznine çıkmadan önceki 24 saat kesintisiz söyleniyorum ve 35 öğünlük yemek yaptırıyorum. O giderken yüzüne bakmıyorum ve ertesi gün eve 10 dakika gecikse maaşından kesiyorum. İnsafa gelin de söyleyin, haftada bir tam gün izin çok fazla değil mi? Üstüne üstlük, arada hasta da oluyor. Kendine iyi bakmayıp hastalanması, hastalanacağını önceden bize haber vermemesi de iş etiğine aykırı değil mi? "Çok haklısın..." dediğinizi duyar gibiyim.

İşte benim bitmeyen çilem, anlatsam roman olur hikâyem.

Cacık yapmak için bile kullanmazlar beni ama işte bol sarımsakla filan arada kaynıyorum. Haydi size de koyayım bir kâse, serin serin içersiniz.

İçersiniz değil mi?

"Ya Kucağa Alınca Başlar Ya Da Hiçbir Zaman": Babalık

“Canım hoş geldin, alsana...”

Bu bölüm, çocuklarının babayla olan ilişkilerinden şikâyet eden, eksik gören, “Neden daha iyisi olmasın?” diyen annelere geliyor. Babanın çocukla olan iletişimini güçlendirmek, babalar kadar annelere de düşen bir görev. Bu yolda uyguladığım ve olumlu sonuçlarını gördüğüm birkaç pratik öneriyi sizlerle paylaşacağım.

Ben neler yapıyorum?

Hafta içi, baba oğul gün içinde biriken özlemlerini giderebilsinler diye Can eve gelir gelmez ben odaya veya balkona çekiliyorum. (Süresi bana çok uzun gelse de ellerini yıkamasına müsaade ediyorum) Kerem’in ilgi odağının dağılmaması, sadece ve sadece babasına fokuslanması çok önemli. Can bu sayede üstünü bile çıkarmaya fırsat bulamadan legoya oturuyor. Kerem sabahları erken kalktığında babasını da uyandırması gerektiğini çünkü sadece üç kişiyle oynanabilen bir oyun oynayacağımızı söylüyorum. Can, evin **o an uydurulmuş herhangi bir ihtiyacını** almak için bakkala, araba yıkatmaya filan giderken ben de hemen Kerem’e ayakkabılarını giydiriyorum ki, babasına eşlik edebilsin. Hava güneşliyse elimden geldiği kadar çok sayıda tekrarla “Parka gitsenize, hava çok güzel parka gitsenize, parka gitsenize…” diyor ve onlar gözden kaybolana kadar kendilerine balkondan el sallıyorum. Can berbere mi gidiyor? Gerekirse yolu değiştirip mutlaka berbere selam vermeye uğruyor ve kendimizi hatırlatıyoruz. Kerem yüzde 99 oranla berberde kalmak istiyor, ben yola devam ediyorum. Can spora mı gidiyor? Kerem’e örnek teşkil etmesi için mutlaka onu da götürüyorum ki babasıyla sağlıklı bir rol model ilişkisi kurabilsin. 1 saat boyunca sarmaş dolaş aktif spor yapıyorlar. Çünkü **ne kadar kaliteli zaman, o kadar mutlu ilişki.** İşte bir anne olarak büyük fedakârlıklar, özen ve süreklilikle kurmaya çalıştığım sevgi temelli ve derinlikli iletişimlerinin sırrı bu yaklaşımda yatıyor.

> Kerem sabahları erken kalktığında babasını da uyandırması gerektiğini çünkü sadece üç kişiyle oynanabilen bir oyun oynayacağımızı söylüyorum.

Dilerim sizin de işinize yarar.

LC

İş çıkışı babayla en yakın AVM

Can'a soruyorum bazen: "Gözlerini kapat, hayal et. Şu an nerede olmak isterdin?"

Yanıt gecikmiyor: "İşten bitik vaziyette gelmişim ve hemen en yakın AVM'ye koşmuşuz. Kerem bir yangının ortasında kalmış ve yardım eden kimse yokmuşçasına ANNNEEEEĞ BABAAAAĞ diye bağırarak gördüğü ilk tümsekli ve eğimli yere (park olması şart değil) dev deparla koşuyor... O an dakikalar saatlere, saatler asırlara dönüşüyor... Ve ben orada onu bekliyorum."

İşte anın değeri. Çekirdek aile huzuru. Kerem buralarda sıkılıp hadi gidelim kıvamına geldiğinde bile Can tutup tekrar kaydırağın tepesine çıkarır ve hevesle Kerem'in inmesini ve yeniden çıkmasını dilerken çektiğim bu fotoğraf karesi "o an"ı tüm gerçekliğiyle anlatıyor.

Çünkü babalık.

Erkeklerin özel gün merakı

Erkeklerin -baba olanların daha çok- organizasyon ve kutlamalardan kaçtığını, söylendiğini, "Ne gerek var, çıkmayalım, geleceklerse onlar gelsin, pizza söyleriz yeter." gibi söylemlerle evde oturmak istediklerini ve her organizasyonu fikir aşamasından itibaren tek başına planlayan ve heveslenen kadınlar görüyorum. Ve tabii ki şaşırıyorum. Bizde özel gün coşkusu ortaktır.

Her zaman, daima, mutlaka.

Babayı bağlayın, yemini suyunu verin

Bazı anneler görüyorum;

Kendileri çocukla evdeyken, kocalarının

Arabayı park etmek için uzaklaşması,

Araba yıkatması,

İşe gitmesi,

Simit almaya gitmesi,

Ekmek almaya gitmesi,

Süt almaya gitmesi,

Berbere gitmesi,

"Ben alırım ya nolur söyle ben alırım" demesi,

Tuvalete gitmesi,

Banyoya girmesi,

Balkona çıkması,

Derin nefes alması,

Yani kendileri o an neyi yapamıyorsa eşlerinin hepsini yapması,

10 erkek, 1 hafta soğuk ve güzel ülkelere tatile gitmişler hissi uyandırıyor.

İşte ben bu kadınlar için çok üzülüyorum. Eminim maddeleri okurken sizin de gözleriniz yerlerinden fırlayıp tekrar geri girmiştir, hatta belki de hâlâ girememiştir :(

Yok artık yahu! İstersen adamı çocuğun yanına bağla da arada suyunu yemini ver.

Aklına yatanlar el kaldırsın.

> Yok artık yahu! İstersen adamı çocuğun yanına bağla da arada suyunu yemini ver.

İyi ki doğdun "Babamız!"

Babamızın (kendisi benim de babam olduğu için babamız diye sesleniyorum) doğum günü ne zaman yaklaşsa, alır bizi bir hediye telaşı! Bu bölümde sizlere, eşlere alınabilecek hediye seçeneklerinden bahsetmek ve elimden geldiğince yol göstermek istiyorum.

> Kerem'in el, kol ve ayaklarını alçılatıp çerçevelettim ve "Canım babamız" notuyla başucuna gizlice bıraktım.

Can baba olduktan sonra gözlerime bir perde indi ve onu sadece baba olarak görmeye başladım. O da benden "annemiz" diye bahsediyor. Çünkü biz ruh hastasıyız.

Can'ın baba olarak geçirdiği ilk doğum gününde şahane bir şey yaptım: Kerem'in el, kol ve ayaklarını alçılatıp çerçevelettim ve "Canım babamız" notuyla başucuna gizlice bıraktım. Gece su içmek için kalktığında bayılmış. Sevinçten. "Bir çift masaj paketi alsam mı, belki bir gece de konaklarız?" diye de sormuştum öncesinde; "Hayır ben el, kol ve ayak kombo alçı istiyorum." dedi. Böyle de bir baba. Geçen seneki doğum gününde baba, anne ve oğul kombin kıyafetler almıştım; deliler gibi gezinmiştik üçümüz. Ona da bayılmıştı. Bir de kokulu melek taşlardan "En büyük baba benim babam!" yazdırdım, biliyorsunuz erkekler bu kokulu taşların hastası. "Xbox mı, kokulu taş mı?" diyorum Can'a, daha cümlem bitmeden "Kokulu taş!" diyor.

"Xbox mı, kokulu taş mı?" diyorum Can'a, daha cümlem bitmeden "Kokulu taş!" diyor.

Önümüzdeki sene alçıdan Kerem'in poposunu yaptıracağım. Bu kez paraya kıyıp yanına bir düğme de koyduracağım, biz bastıkça zortlatacak. Yine yatak odasına ve Can'ın tam kafasının üstüne doğru düşünüyorum.

Kuyruğuna basınca gözlerinden ışık çıkan ve "Aslan babam!" diye miyavlayan peluş kedi ve her tanesinde Kerem'in farklı fotoğraflarının olacağı gümüş oltu tesbih de sonraki seneler için düşündüğüm hediyeler.

İnşallah o da bana üzerinde şeker hamurundan biberon ve mutfak robotu olan ve HAPPY BIRTHDAY KEREM'S MOM yazan pembe bir pasta yaptırır.

Çünkü Kerem's family.

A be kaynana, n'aptın bize?

Merhaba,

Ben bir oğlan annesiyim. Her anne çocuğunu sever mutlaka ama ben bir başka seviyorum. Oğlumu pamuklara sararak büyüttüm. O benim arkadaşım, kocam, sevgilim, oğluşum, yoldaşım, altın büllüklüm, her şeyim. Telefonumda da "her şeyim" diye kayıtlı, çocuğumun üzerine böyle bir yük bindirmek çok hoşuma gidiyor. Bu öyle yoğun bir sevgi ki sevgimle onu öldürebileceğimi hissediyorum bazen. Annelik…

O benim arkadaşım, kocam, sevgilim, oğluşum, yoldaşım, altın büllüklüm, her şeyim.

Oğlumun hayatındaki seçimler beni yakından ilgilendiriyor. Bana sormadan alışveriş yapmaz, bir işe başlamaz. Onaylamadıklarımı bazen kendisine direkt söylerim, bazen hiç yorum yapmam, boyun bükerim. O anlar. Annesini üzmez. Her şey onun iyiliği için. Kariyeri olan kerli ferli koca bir adam ama benim yanımda 5 yaşında bir çocuğa dönüşüyor.

Evlenmek istediği kızı nasıl olduysa kendisi bulup geldi bir gün. Tanıştığımız ilk günden bu yana kendisini gözüm hiç tutmadı ve ailemize yakışmadığını düşündüm. Ha, "Ailenize yakışan biri var mı?" diye soracak olursanız, çok zor. Ama mutlaka daha iyisini yapabilirdi. Ona verdiğim eğitim, kültür, görgü ve terbiyeyle mutlaka daha iyisini yapabilirdi. Ama ne yapacaksın, evlat.

"Peki" dedik, evlendiler. Hâlbuki evlenmesine gerek yoktu. Daha gezip tozmalıydı, erkek adam sonuçta. 50'sine kadar yolu var evlilik işinin diye düşünüyorum. Dinlemedi beni.

Bana bu noktadan sonra düşen, yaşıma yaraşır bir olgunlukta bu durumu kabullenmek ve gelinimi bulduğum her fırsatta baltalamak.

Kızı gördüğüm ilk andan bu yana fırsatları kaçırmıyorum. Ona "Gelin" diye sesleniyorum genellikle, ismiyle çok hitap etmem. Zaten aklımda da tutamıyorum. Zeynep mi, Zarife mi öyle bir şey ismi. Hem "gelin" daha kolay, yerini bilsin.

Kendim hiç "gelin" olmamış gibi, kendi gelinime kök söktürüyorum. Yürüyüşü batıyor, konuşması batıyor, oğluma bakışı batıyor, yemek yiyişi batıyor, anneliği hepten batıyor.

Kız beni görür görmez bana "anne" desin istedim mesela, zoraki şekilde ilk kez "anneciğim" dediğinde de "Of ne meraklıymış anne demeye!" diye göz devirdim. Hiç unutmam.

Evlendikleri ilk dönemde uzun süre başım ağrıdı, karnım ağrıdı çağırdım Ekrem'i. Evlilik yıldönümlerinde, doğum günlerine filan denk geldiydi ağrılarım, ne yapayım saat mi bu kurayım? Ne zaman hastalanacağımı nereden bileyim? Ekrem'im gelince düzeldim, geçti tüm ağrılarım. Geç saate kadar da beklettim yanımda, portakal filan soydum oğluşuma. Özlemişiz baş başa vakit geçirmeyi... Neredeyse bir haftadır evli. Yaşamayan bilemez.

Bazen oğlumun evine gidiyorum, lütfedip davet ederlerse! Dağ başına taşındılar zaten, en az yarım saat yol gidiyoruz. Haftanın 3 günü görsem de kapıda "Ah yavrum kaç ay oldu görüşmeyeli" diye ağlamaklı sarılıyorum oğluma ve torunuma.

"Oğlumu kaçırdın uzaklaraaaa..." diyorum geline, yarı şaka yarı ciddi. Hepsini gülerek yapıyorum, o yüzden amacım tam anlaşılamıyor. Hedef, rakibi sersemletmek.

Onlara yemeğe gittiysem genelde aç kalıyorum. Ya yemek çok tuzlu oluyor, ya benim sevmediğim şeyleri yapmış oluyor ki biliyorsunuz ben zaten çok az şeyi seviyorum şu hayatta. Birincisi Ekrem, ikincisi Ekrem, üçüncüsü Ekrem.

Ne diyordum? Hah, yemek. Sofrayı zenginleştirme amacı taşır gibi gösterip esasen sofrayı sabote etme amacıyla evden yemek getiriyorum, onlara yemeğe gittiğimde. "Oğluşum çok sever." diyerek dolmayı koyuyorum masanın orta yerine, onun organik tavuğunun ve işlemeli kıtıpiyoz masasının yüzüne bakan kalmıyor böylelikle. Buzluğa atsın, sonra yesinler o sakız gibi tavuğu.

Sofrada eğlenceli muhabbetleri hep ben açıyorum. Oğlum zayıfladıysa "Yemek yapmıyor musun evde?" diye soruyorum, oğlum şişmanladıysa "Siz hep dışarıdan mı yemek söylüyorsunuz?" diye çemkiriyorum. Kıza sarılırken belini iyice kavrayıp çaktırmadan tartıyorum; "Neyse, üşümüyorsundur sen kışın." diyorum. Bel çevresindeki yağlarla bir köy doyar. Ne versem yer. Hâlbuki hepsi tuzak. Hepsine de istisnasız düşer.

Çocuk doğurduktan sonra kendisini iyice saldı. Oğlumu unuttu, varsa yoksa bebek ve kendisi. Dünyada ilk kez kendisi doğurduğu için her şeyi en iyi o biliyor! Ben ne desem batıyor. "Şöyle tut" diye gösteriyorum, "Bu çocuk aç" diyorum tüm iyi niyetimle. "Ekrem hiç böyle değildi, huzurlu bir bebekti, annenin çok etkisi var tabii." diyorum, "Ah kujum şana iyi bakamıyor mu annen, aç mısın şen, yavru muşun şen, mama vereyim mi şanaaa?" diye agu agu yapıyorum torunuma. İsmini Bade koydular ama ben ona Macide Bade diye sesleniyorum. Çünkü Ekrem'in ta ne zamandan sözü vardı, benim ismimi de koyacaklardı. Son anda fikir değiştirdiler, acaba niye!

Torunumun güzel huyları ve hokka burnunun babasına ve bana, kötü huyları ve kısa boyunun anne tarafına çektiğini düşünüyorum.

Macide Bade altı aylıkken, "Neden hâlâ konuşmuyor? Ekrem 2 aylıkken konuşmuştu. Hâlâ bez mi kullanıyor? Ekrem 4 aylıkken bezi bıraktı." diye anılara dalardım. Torunumun güzel huyları ve hokka burnunun babasına ve bana, kötü huyları ve kısa boyunun anne tarafına çektiğini düşünüyorum. Bunları sesli şekilde de dile getiriyorum. Benim içim neyse dışım da o. En sevdiğim özelliğim. Arkadan dedikodu yapmam. Ona dedikodu değil dertleşme diyorum ben daha çok. Daha iyi geliyor kulağa.

Bir de pasaklı. Evlerine her gittiğimde mutfağı, salonu, odaları topluyorum. Yardım kisvesi altında "Bu evin hâli ne? Sen ne biçim kadınsın?" demek istiyorum esasen. Dilerim anlıyordur ama hiç sanmam. Ekrem alışık değil çünkü, böyle görmedi. İnsanın gördüğünden geri kalması en fena şey. Allah kimseye yaşatmasın. Ama ne yazık ki bizzat benim öz be öz oğlum bunu yaşıyor.

Daha başını taşlara çok vuracak, ki bir anne olarak en istemediğim şey... "Anneciğim..." diyecek, "Sen dedin, ben seni dinlemedim, evlenmek için 60 yaşımı beklemeliydim." diyecek, ama nafile.

O güne kadar her cephede mücadeleye, boş kavanoz depolamaya devam.

En iyi turşu sirkeyle mi oluyordu, yoksa limonla mı?

Çocuk Sonrası Evlilik: Eskisinden Daha Heyecanlı

Çocuksuz tatil mi? Asla!

Çocuksuz tatil, pek çok anne babanın en az bir kere olmak suretiyle aklından geçen ama öyle kolay kolay hayata geçiremediği bir mesele, bir konu. Ya hiç istemezsin ya da istersin ama maddi şartların elvermez, maddi şartlar elverirse çocuğun bakımıyla ilgilenecek birilerini bulmak gerekir, birini bulsan "Nasıl olur da ayrı kalırız?" diyerek cesaret edemez oturursun.

Ya da... gidersin.

Bizde şartlar olgunlaştı ve Kerem 6 aylık olduğunda başladık ufak gitmelere. Biri de geçen yazdı.

Kerem'i evde bırakıp (kendi kendine birkaç gün oyalanabilme özelliğine sahip, yine de annem arada yemek filan götürdü) Can'la iki günlüğüne Roma seyahatine çıktık. Bu işte en zorlanan Can oldu. Hem de hiç tahmin edemeyeceğim kadar.

Evden çıkar çıkmaz, "Ben galiba yapamayacağım." diyerek ağlamaya başladı. "Yapabiliriz, deneyelim lütfen!" filan diyerek zar zor susturdum.

Havaalanı, uçak derken şehir merkezine ulaştık. Suratından düşen bin parça. Ben "Ne oluyor canım, iyi misin?" demeye kalmadan kendini bir kafeye attı ve yüksek dozda sıkıntıdan ötürü ayaklarını uzattı, bir süre yerinden kalkamadı. Uzaklara daldı. Birbirimizi sessizliğimizden tanıdık.

> Bence her yere çocukla gidilmeli. Sonuçta o bizim hayatımıza uyum sağlamak zorunda, sonradan gelen o.

Tatil boyunca karı koca, yemeden içmeden kesildik. Hayatta kalacak kadar makarna, pizza ve dondurma tükettik. Nefes almamıza yetecek kadar alışveriş yaptık.

Gittiğimiz her yerde, "Kerem şimdi burada olsa ne güzel ağlardı", "Keşke Kerem de gelseydi şu meydanda kendini yere atar, hatta belki şu müzede kusardı bile" diye gülümseyerek içimizden geçirdik.

"Bir an önce yarın olsun ve bu lanet olası tatil bitsin." dileğiyle Trevi Çeşmesi'ne 100 Euro attığımız gün yemin ettik: Bir daha asla ama asla çocuksuz tatil yapmayacaktık.

Bence her yere çocukla gidilmeli. Sonuçta o bizim hayatımıza uyum sağlamak zorunda, sonradan gelen o. Kafa dinlemek için, anne baba olmaktan biraz olsun uzaklaşmak için tatil kisvesi altında evden kaçanları anlayamıyor ve kınıyorum. Kendileri için yarattıkları bu anlara bile "anne baba saati" diyen delileri de kınıyorum.

İşemeye çocukla gidenler/işerken bile rahat bırakılmayanlar bir sonraki sayfaya geçsin, diğerleri beklesin.

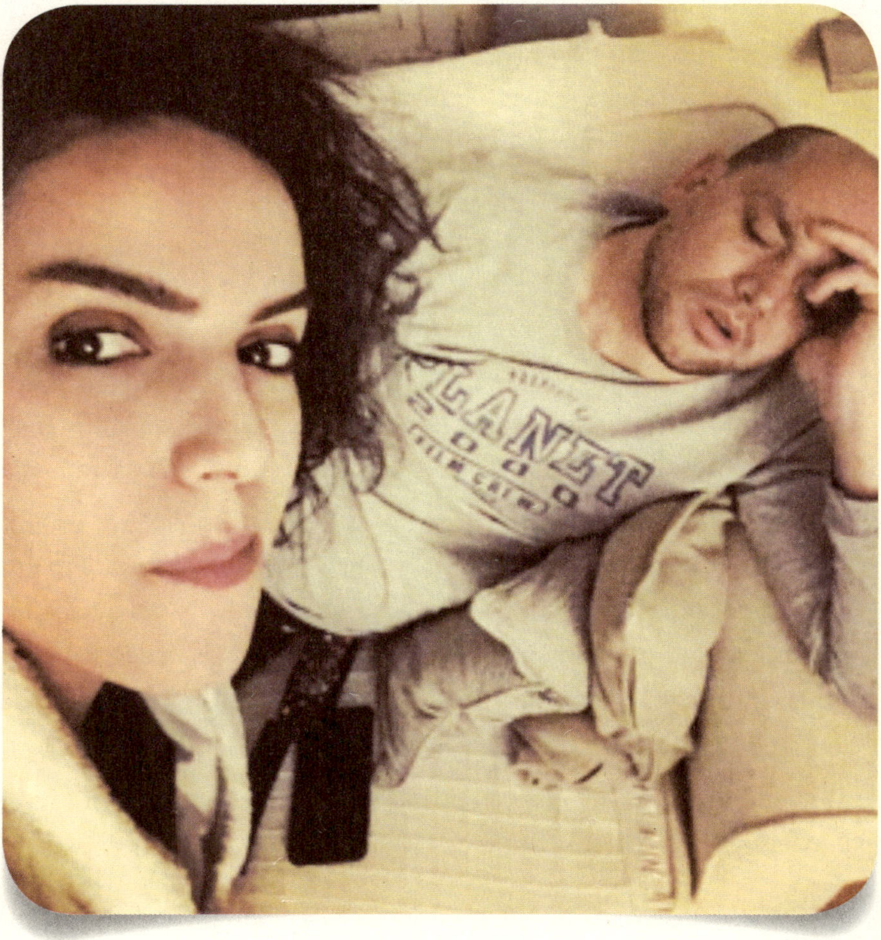

Çocuktan sonra hayat var mı? Olmaz mı!

Zaman zaman soranlar oluyor: "Çocuk sonrası karı koca olarak ilişkimiz eskisi gibi değil. Eski coşkuyu yakalamamız için ne yapmamız gerekiyor? Çocuktan sonra hayat var mı? Siz ne yaptınız?"

İş elbette yine biz kadınlara düşüyor! Peki nasıl? İşte 7 pratik adımda ilişkiyi renklendirmenin yolları:

Kendinize ve bedeninize iyi bakın!

Eşiniz bakmasa da olur ama siz bakacaksınız. Sonuçta o erkek. Aynanın karşısında durun ve bedeninize bakın. Sağlı sollu iyice baktıysanız ikinci maddeye geçiyorum.

Birbirinize alan açın!

Eşinizle göbek bağınız birlikte kesilmedi, ikiniz ayrı bireylersiniz. Birbirinize alan açın, farklı gündem ve ortamlara girin. Biriniz alt değiştirirken biriniz bulaşıkları yıkasın. Siz sebze reyonundayken o zeytin seçsin. Siz yataktayken o yerde yatsın.

Filli penguenli polar sabahlıklarını üstlerine, çiçekli soket çoraplarını ayaklarına geçirip kumandaları sıralayan kadınlar var.

Ondan beklediklerinizi ifade edin!

"Ben her gece kalkarken senin fosur fosur uyumana uyuz oluyorum", "Annenlerde ne zaman uzun kalsak seni öldürmek istiyorum" gibi. İletişimin altın kuralı açık ve net olmak, kelimeleri doğru seçmektir.

Oyunlar oynayın!

Gün içinde ona heyecan verici mesajlar atarak akşam eve gelmeyi iple çekmesini sağlayabilirsiniz: "Akşam süt almayı unutma" ya da sadece "SÜT", "UYUMUYOR ÇILDIRICAMMMM!!!", "Ne zaman gelirsin??????" veya "?????????" gibi.

Fantezi kurun!

Cinsel istek önce zihinde başlar. Yorgun ve uykusuz olmanız fantezilere engel değil. Konsantre olun. Yapabilirsiniz. Önden düğmeli, bisiklet yakalı, uzun kollu, papatyalı penye pijama ve bir doğum kontrol yöntemi olarak tasarlanmış polar sabahlıklarla bile!

Sınırlarınızı yıkın!

Pek çok çiftin en büyük hatası cinselliği yatak odalarına hapsetmeleri. Hâlbuki bilhassa -yeni uyuttuğunuz- çocuklu ev, bunun aksini ispatlamak için biçilmiş kaftan! Parmak uçlarında yürüyüp fısır fısır konuşanları duyuyorum, cesur olun! Evinizin tadını çıkarın!

Küçük adımlar, büyük umutlar!

Beyin, koku, ses, dokunuşla aldığı küçük duyumları tahrik unsuru olarak bedene iletir. Nereden geldiğini anlayamadığınız kusmuk kokusu, ertesi günün yemeği için kavrulmuş soğanın kokusu, içeriden gelen ağlama sesi ummadığınız anda size libido olarak geri dönebilir. Kendinizi kokulara teslim edin ve onların sizi yönetmesine izin verin.

Filli penguenli polar sabahlıklarını üstlerine, çiçekli soket çoraplarını ayaklarına geçirip kumandaları sıralayan ve dizi/film izleme süreleri her geçen gün kısalıp, toplamda 15 dakikayı geçemeden salyalar vadisine doğru yola çıkanlar, en ufak bir hareketlenme başlangıcında "Canım yarın mutlaka, söz" diye karşılıklı randevulaşanlar!

Gözüm üstünüzde.

Her şey eskisi gibi

Çocuk sahibi olma fikri çoğu zaman "eski hayata özlem" başlığıyla birlikte yürür. "İyice gezin tozun, sonra çocuk düşünürsünüz." tavsiyeleri de eklenince "Çocuktan sonra eski günlerdeki gibi gezebilecek miyiz? Sürekli çocuklu ailelerle mi görüşeceğiz?" endişesi sarabilir anne baba adaylarını.

Biz bu konuda da çok doğru adımlar attık. Eski hayatımızdan taviz vermedik. Çocuğumuz var diye sadece bebekli ailelerle görüşüp onlarla "En ucuz bez neredeymiş?", "Islak mendilde damping", "Benimki uyumuyor" üçgeninde konuşacak değiliz. Çocuktan sonra da bekâr veya evli çocuksuz arkadaşlarımızla çok sık görüşmeye devam ediyoruz. Onlarla nerede hangi konser varmış, en iyi kokteyli neresi yapıyor, en güzel hafta sonu kaçamakları hakkında uzun uzun sohbet ediyoruz.

> Çocuğumuz var diye sadece bebekli ailelerle görüşüp onlarla "En ucuz bez neredeymiş?", "Islak mendilde damping", "Benimki uyumuyor" üçgeninde konuşacak değiliz.

Çocuğumuzu gözleriyle işaret ederek "Alabilir miyim?" diye ürkek ürkek sorduklarında uzun uzun düşünüyor ve hemen vermiyoruz. Çocukları yok ve geceleri uyuyabiliyorlar diye, kucakları boş, zihinleri berrak diye çocuğu kucaklarına bırakıp uzaklaşacak değiliz. Biraz oynamalarını izler, onlar boğulmadan hemen alırız. Hemenden kastım bir, iki, üç, dört, bilemedin beş saat sonra.

Adrenalin dolu bir sosyalleşme deneyimi: Market

Çocuktan sonra sosyalleşmeyi patates almaya indirgeyen, "Allah'ın adını verdim ekmeği ben alayım", "Ya şimdi ben alayım, sen iki gün üst üste alırsın" diye birbirleriyle pazarlık yapan, markete pazara gitmeyi bir "event"e dönüştüren ebeveynliğe, yalnız başına gitti diye çamaşır suyu reyonu önünde pişmiş kelle gibi selfie çeken, uzun uzun bulgur, nohut, tuvalet kâğıdı, buzdolabı poşeti inceleyen anneliğe hayır; çocuğu hayatın her anına katan ve bunun her aşamasından tarifsiz zevk almayı bilen montessoriciliğe evet!

> Çamaşır suyu reyonu önünde pişmiş kelle gibi selfie çeken, buzdolabı poşeti inceleyen anneliğe hayır.

Anne baba zamanı

Çocuğumuzla birlikte olduğumuz anlar kadar, nefes anlarımız da önemli. Can'la yaratabildiğimiz minik fırsatlarda kaçıyor, anne baba dışındaki kimliklerimizi hatırlıyor, çocuk dışı gündemlerimizden bahsediyor, ilişkimizi besliyoruz. İki saatlik nefes aralığı yaratıp onda da "Beş numara bez mi daha iyi altı numara mı?", "Ya ne altı numarası artık bezi bırakması lazım", "Neden dün gece ağladı?" diye tartışıp, telefondan fotoğraflarına bakıp "Bak bak burada çok tatlı", "Şuna bak nasıl küçüktü yaaa…" diye konuşmuyoruz.

Konuşanlar var. Duyuyorum.

"Bahçelerde börülce, oynar gelin görümce..."

Merhaba!

Ben bir görümceyim. Bilmeyenler için, erkek kardeşim evlenince kazandığım bir tür üst unvan. Yani, diğer tüm akrabalık unvanları gibi sahip olmak için benim bir şey yapmam gerekmedi.

Biz üç kardeşiz. İki erkek, bir kız. Çekirdek aile olarak vakit geçirmekten çok keyif alırız. Eski günlerdeki gibi, ailemizin yeni üyeleri yanımızda yokmuş gibi akar gider zaman. Diğer erkek kardeşim -ki kendisi kayınbirader olarak geçer- evli olan diğer kardeşime eşinin yanında ne zaman "Sarı pipi! Sarı pipi! Sen nasıl sünnet olmuştun ya, göstersene o fotoğrafları!" dese ailecek gülmekten yıkılırız.

> "Sarı pipi! Sarı pipi! Sen nasıl sünnet olmuştun ya, göstersene o fotoğrafları!"

Evli olan erkek kardeşimin eski kız arkadaşlarıyla çok yakın ilişkim var, onlar ayrıldıktan sonra daha da yakınlaştık hatta. Evlerine gittiğimde "Ya Pınar'laydım geçen gün yine, çok tatlı kız ya..."

diye anlatmaya başlarım. Eşi -ki kendisi yengem olur- manasızca bakar yüzüme, sebebini anlamam.

Yengemin beni feci derecede kıskandığını ve kendisiyle kıyasladığını düşünüyorum. Kaybedeceği savaşlara girmekte üstüne yoktur. Yine de pes etmez.

İki çocukları var. Yengemin iki hamileliği de bizce çok rahat geçti. Yani en azından uzaktan öyleydi.

Yengem yaz sıcağında 100 kilo lohusayken bronz tenim ve mini şortumla onların evine gidip esneme hareketleri yapardım. Azıcık harekete teşvik etmekti amacım, ama oralı olmadı. Bu yüzden doğum kilolarını hâlâ veremedi ve kendisini her gördüğümde bu konuyu gündeme getiririm. Ben gündeme getirince bir anda zayıflamaya başlar. O saniye. Mucizevi bir yöntem.

Çocukları severim ama uzaktan. Çocuk düşünüp düşünmediğimizi soranlara "Biz Halit'le dünyayı gezeceğiz, çocuk düşünmüyoruz." derim gülümseyerek. Çocuğu olanların asla yapamayacağını düşündüğüm şeyleri vurgularım; öyle soruya öyle cevap.

Yeğenlerimi de severim. Ama 15 dakika kucağıma alsam "Ayhh ben çok yoruldum, başım döndü." deyip geri ittiririm.

"Niye uyumuyor bu?" ve "Niye ağlıyor bu?" en sevdiğim soruların başında gelir.

Yine de evlerine gitmeyi severim, koltukları çok rahat. Ne zaman gitsem salonda uyuyakalır, "Ay çok sıcak, içim geçmiş." derim.

Ne zamandır evlerine giderim sahi, özellikle çocuklar doğduktan sonra yengemin doğru düzgün bir şey ikram ettiğini görmedim. Kırk yılda bir usulen "Aç mısın?" diye sorduklarında, "Vallahi kurt gibi açım!" diye yanıtlarım. Onda da çoğu zaman dışarıdan pizza söyler ya da çocuklarına yaptıkları lezzetsiz yemekleri yemek zorunda kalırım.

Onlar mı? Onlar ne yiyor bilmiyorum. Zaten yemesinler, bugüne kadar yedikleri ikisine de yeter.

Bazen bana telefon açıp, "Akşam yardıma gelir misin? Biz biraz dışarı çıkıp nefes alsak?" derler, "Sabah erkenden yogam var, yoksa çok isterdim." diye ötelerim. Çocuk severiz dedik ama o kadar da değil. Daha çok fotoğraflarda "Halasının kuzusu, fıstık yeğenim, e kız halaya diye boşuna dememişler." yazarak çocuğu broş olarak kullanmayı tercih ederim. Ayrıca bize mi doğurdular? Kendi çocuklarına kendileri bakacaklar tabii ki. Onlar da dünyayı gezseydi. Ben mi "Doğur da sevelim be yengee!" dedim. Hah öyle dedim doğru. Sevmek başka, bakmak başka. Seviyoruz işte. Ayrıca elalemin lafına göre çocuk mu doğurulur? A, kendime "elalem" dedim. Bazen de bana elalem gibi davrandıkları için kızarım. Ruh hâlime göre değişir.

> Bize mi doğurdular? Kendi çocuklarına kendileri bakacaklar tabii ki.

Annemle yengemin ilişkileri malum. Birbirlerini idare ediyorlar. Daha doğrusu annem onu idare ediyor. Annemle ne zaman otursak saatlerce yengemi çekiştiriyor ve üzerine bolca toprak atıyoruz. Sonra da hiçbir şey olmamış gibi "Amaan neyse ne, ağzımızın tadı bozulmasın. Onlar da mutlu olsunlar, herkesin hayatı kendine." deyip dizimize dönüyor; böylelikle dedikodu yapmamış oluyoruz.

Nasıl, sevdiniz mi beni?

Tanıdınız mı peki?

Bir Kadının Ulaşabileceği En Yüksek Mertebe: Erkek Çocuk Annesi Olmak

Bir sevgi sözcüğü olarak: "Bu çok canlar yakacak annesi!"

Merhaba!

Yine ben. Ben bazen bir anne, bazen bir baba, amca, ağabey, bazen kayınvalide, bazen arkadaş, bazen uzak akraba, bazen haberci, bazen yazar, bazen TV yorumcusu, bazen park teyzesi, hemen herkesim. Bugün sizlere erkek çocuklara olan yaklaşımımdan bahsetmek istiyorum.

Öncelikle söylemeliyim, erkek çocuklara karşı zaafım var. Hamile gördüğümde cinsiyetini sorup, kız ise "Olsun" diyorum. Erkek çocuk gördüğüm anda başlıyorum sıralamaya "Paşam, oğluşum, aslanım, erkek adam..." diye, "Çapkın!" diye seviyorum onları. "Korktum" derse "Erkekler korkmaz" diye kızıyorum. Ağladığını görürsem "Erkek adam ağlamaz" diyorum.

Kız çocukların olduğu bir ortama girdiğimizde kulağına eğilip, "Beğendin mi kızları?" diyorum. "Evet" derse basıyoruz kahkahayı; bazen yakalayabilirsem videoya da çekiyorum. "Göster bakalım, hangisi?" diyorum. Gülüyoruz. Yakışıklı erkek çocuk görünce "Ooo çok canlar yakacak bu." diyorum. Can yaksın. Önemli.

Kız çocuklarına evcilik seti, erkek çocuklarına da oyuncak silah hediye ediyorum. Adı üstünde oyuncak.

"Sevgilin var mı anaokulunda? Söyle bakiim kaç tane?" diye sorguya çekiyorum. Büyüdüklerinde de "Erkek adam hemen evlenmez, gez toz" diye tembihliyorum. Mümkünse gezip tozmadıklarıyla evlenmelerini salık veriyorum.

Erkek çocuklarının saçı uzunsa panikliyorum, hemen kestirmelerini öğütlüyorum. Mazallah cinsel yönelimleri etkilenir. Çünkü cinsel yönelim öyle bir şey. Kız çocuklarıyla oynamaları inanılmaz hoşuma gidiyor ama çok da oynamasın. Oyuncakçılarda kız/erkek çocuk ayrımı olmasını ve mutfak malzemeleri, oyuncak bebek gibi şeylerin kız bölümünde satılmasını doğru buluyorum.

Kız çocuklarına evcilik seti, erkek çocuklarına da oyuncak silah hediye ediyorum. Adı üstünde oyuncak.

Sonra neden bu kadar kadın şiddete uğruyor, neden Ceylan'lar ağabeyleri tarafından uykusunda öldürülüyor anlamıyorum. Sonuçta benim yaptıklarım yüzünden olacak hâli yok.

Yok değil mi?

Viledalı prensesler, tornavidalı minik şoförler

Türkiye'de toplumsal cinsiyet üzerine çalışıyorsanız en sağlam veri analizi yapacağınız, soyutlama, somutlama, gerçekleme, tümevarım tümdengelim çalışacağınız yer bir sokak uzağınızda: Oyuncak dükkânları. Tüm sosyolojik kodlar orada gömülü. Ömürlük kazı çalışması.

Toplumsal cinsiyet meselesinde benim tavrım net: Kız çocuklarının prenses, erkek çocuklarının ise minik adamlar olarak yetiştirilmesini destekleyen yaklaşımı benimsiyorum. Bu sebeple oyuncakçıların, oyuncakların temalarına veya yaşlara göre değil de cinsiyete göre yaptıkları mağaza düzenlemeleri işimi çok kolaylaştırıyor. Bir hediye almak için girdiğim bu mağazalarda bana ilk yöneltilen sorunun "Kız mı, erkek mi?" olmasının çok işlevli ve yerinde olduğunu düşünüyorum. Kız çocuğuna hediye almak istiyorsam ev işleri ve bebeklere doğru, erkek çocuğuna hediye almak istiyorsam araba ve silahlara doğru yönlendiriliyorum.

> İnşallah en kısa sürede çıngıraklar ve yürüme arkadaşları da mavi/pembe şeklinde ayrıştırılır.

Eğer hediye sahibi yenidoğansa orada biraz seçim yapmam zorlaşıyor; zira ne yazık ki bu bölümler cinsiyete göre ayrılmıyor. İnşallah en kısa sürede çıngıraklar ve yürüme arkadaşları da mavi/pembe şeklinde ayrıştırılır.

Bu mağazalardan öğrendiğim pek çok hap bilgi var. Mesela sadece bizim ülkemizde yaşayan bir prenses türü olduğunu biliyor muydunuz? Ütü yapan, yerleri süpüren, yemek pişiren, vileda yapan, bebek kakası temizleyen minik prensesler bunlar.

Örneğin oğlunuz varsa ve mutfak/bebek işlerine meraklıysa (ki normal şartlar altında olmaması gerekir) pembe ve çiçekli olanlardan başka seçeneğiniz kalmıyor. Bir erkek annesi olarak tabii ki pembe çiçeklilerden de almıyorum. Pipisinin düşmesini göze alacak değilim, bir tane oğlum var. Onun yerine tabancalar, robota dönüşen arabalar filan alıyorum. Kitap seçerken de cinsiyet ayrımını gözeten yayınevlerine öncelik veriyorum. Erkekler için ve kızlar için diye ayrılan yapıştırmalı kitaplar favorimiz. Çünkü biliyorsunuz sadece erkekler astronot olup dinazorlarla ilgilenebilir, kızların prenseslik ve mutfak müessesesi dışında herhangi bir kariyer planı hayaline girmesi, bilinçaltına pembe ve mor dışında bir renk kodlanması doğru değildir.

Mesela sadece bizim ülkemizde yaşayan bir prenses türü olduğunu biliyor muydunuz? Ütü yapan, yerleri süpüren, yemek pişiren, vileda yapan, bebek kakası temizleyen minik prensesler bunlar.

Oğlumun yetişkin olduğunda içeceği bir bardak suyu bile başkasından isteyen, yumurta bile kıramayıp bununla övünen, bebek bakımını doğal olarak annenin işi olarak kabul eden ve ev işlerinde iş bölümü değil "yardım" kültürünü benimseyen bir erkek olması, gelinimin benden her gün övgüyle söz etmesi en büyük temennim.

Yaşasın pembe viledalı prensesler, yaşasın tornavidalı tam bağımsız altın büllüklüler!

Kesa

Kesa

Annem çocuk bakımıyla ilgili neredeyse hiçbir şey bilmiyor. Bizi nasıl büyütmüş anlamıyorum! Altını nasıl bağlayacağını bile ben gösterdim. Tutmayı da bilmiyor. Biberonu veremiyor. Gazını çıkaramıyor. Bildiklerinin de en yenisi 30 yıllık. Çocukla onu asla yalnız bırakmayacağım.

Asla yün yelek, kazak, patik filan giydirmeyeceğim. Sakın örmeye filan kalkmasın kimse, aynen iade ederim. Anne bu ne? Kaç kere "İstemiyorum" dedim sana. Kaldırıyorum ben bunları yukarı, kullanmayacağım. Hava soğuk olursa falanca markanın mint yeşili ve limon küfü renkli sweatshirt'lerinden alırız. Kapüşonlu fermuarlı olanlar da olur; giydiğinde göğsüne göğsüne batar, rahat uyur.

Bebeğin yeri pusettir. Puset boş, kucakta bebek gezenleri anlamıyorum. Kararlı bir dille söylersen bebek de anlar ve sınırlarını bilir.

Çocuğum olduğunda sadece odasında takılacak. Öyle evin her yerini istila edemez. O bizim hayatımıza uyacak, biz onun değil. Hele o zevksiz plastik çitlerden hayatta almam, hem hiç estetik değiller hem de çocuğu sınırlıyorlar. Kendisi keşfederek öğrensin, belli bir yerle kısıtlanmasın. Kullananlar görüyorum; salonun ortasına koyuyorlar bir de, tam tımarhane!

Emekleme sürecinde çocuğun keşfetmesine izin vermeli, yasak koymamalı. Yaklaşmaması gereken şeylere yaklaştığında kararlı şekilde HAYIR derseniz sizi anlayacaktır. Evinizin düzenini bu yüzden değiştirmenize, taşınıyormuşçasına salonu boşaltmaya, çiçekleri, sehpaları, mumları filan kaldırmanıza gerek yok.

Kolik, bebeğin anne karnına dönme özlemiyle açıklanabilen, gazın eşlik ettiği, belirli saatlerde aralıksız süren ağlama nöbetleridir. İlk 3 ay çok yoğundur. Ama acı elma yağı, sıcak su torbası, ılık banyo, kundak, gaz damlaları ve annenin uygulayacağı bir diyet ile önüne geçebilirsiniz. Ayrıca "Eskiden kolik mi vardı?" derseniz de geçiyor hemen.

Mutfağım (benim mutfağım, başka kimsenin değil) daima derli toplu. Dayanamıyorum dağınıklığa. Bazıları "Toplarız, dur iki dakika oturalım." diyorlar ya, bana o koltuk batıyor. Diken diken batıyor.

Evde nefes alabildiği tek yerin -çocukları içeri dalana kadar- tuvalet olduğunu söyleyen anneler görüyorum. Uzaktalar ama çok seçemedi gözlerim. Çok uzaktalar. Karlar ülkesindeler. Üzerlerine fayans yağıyor.

Kendi işimin patronuyum. Mis gibi iş. Çalışma saatleri esnek. Askerliğimi 18 ay uzun dönem komando olarak çocuklu bir evde tamamladım, acıya dayanıklıyım. Hedef odaklı ve enerjiğim. Seyahat sorunum yok, tepeden topuzum ve uzun hırkamla her yere gidebiliyorum. Ekibimde bir kişi var ama yine de ekip çalışmasına yatkınım. İkna kabiliyetim yüksek. Ekip arkadaşım bazen patron kim karıştırıyor, o zamanlar kaşımı havaya bi kaldırıyorum, mahalle titriyor.

Çocuklarımızı telefon, tablet ve bilimum teknolojik aygıttan uzak tutmamız gerektiğini defalarca okuduk, öğrendik, yazdık ama hâlâ iki dakika daha yatar vaziyette kalacaklar diye çocuklarını ekranla zehirleyen anne babalar görüyorum. Şeker ver daha iyi.

Bebek kucakta sallanarak, hop hop yaparak uyutulmaz. Hele ayakta hiç sallanmaz. Yatağına koyarsın, poposuna pat pat yaparsın, uyur. Annem beni hep öyle uyutmuş. Bu tamamen alıştırma işi.

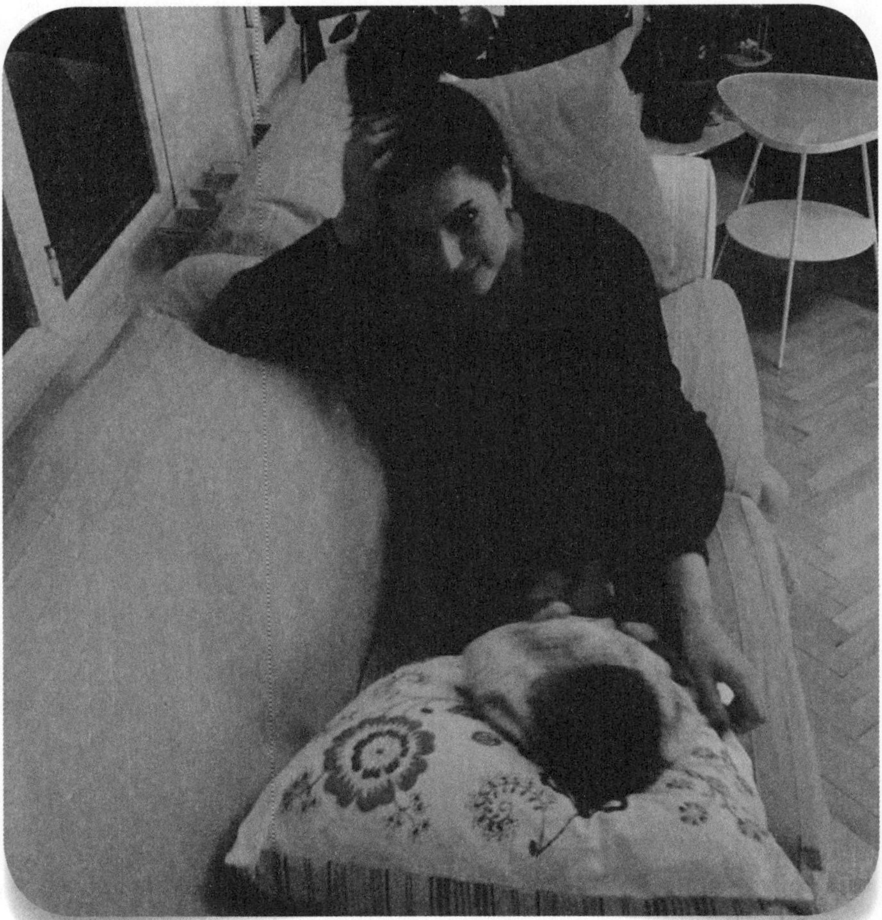

Kapatırken...

Geleneksel ve dijital medyada, ama özellikle sosyal medya platformlarının son yıllarda ciddi anlamda yükselişe geçmesiyle birlikte pek çok "sanal gerçeklik"le kuşatıldık. Bunlardan biri de gökyüzü olan her yerde biten, hatta bazen gökyüzüne bile ihtiyaç duymadan, dört duvar arasında imal edip, uçurup durabileceğiniz, iki nefeste hızla şişen bir balonun içine gizlendi: "Mükemmel annelik"

Uzmanından uzman olmayanına, teyzesinden doktoruna, sosyal medya fenomeninden kayınvalideye, eşe kadar bu balon şiştikçe şişerken biz en olağan annelik ve kadınlık hallerimizi, halsizliği, çaresizlikleri, yorgunlukları, kusmukları, kavgaları, uykusuzlukları unuttuk veya görmezden gelmek zorunda bırakıldık.

Anneliği anlattıkları gibi bir şey sandık. Başaramayınca da mutsuz olduk.

Anneliğin bir kitabı, kuralı yok. Sonunda madalya takdimi yapılacak amansız bir yarış da değil.

Annelik ne "mükemmel annelik balonu" kapsamında, anlatıldığı gibi kusursuz ne de benim anlattığım gibi safi kan, ter ve gözyaşı dolu.

Annelik hepsi. Ancak malum balon o kadar hızla ve temelsiz yükselişe geçti ki, birilerinin iğneyi eline alması gerekti.

O iğnelerden biri de bende!

Önce kendime batırdım ve silkelendim; sonra da yazmaya başladım.

Yazdıkça yalnız olmadığımı gördüm. "Yalnız değilmişim!" diye sevinen, çocuğu "belirlenen sınırların dışına" çıktığında dünyası başına yıkılmayan, kendi bedeni ve ruhu "belirlenen sınırların dışına" çıktığında kendisine şefkat gösteren on binlerce kadın ve erkek. Evlisi, bekarı, çocuklusu, çocuksuzu, anneannesi, babaannesi, dedesi, ergeni... Birbirimize omuz, sessizliklerimize ses, çaresizliklerimize kahkaha olduk.

Bekâr veya çocuksuz olanlardan bazen şöyle cümleler duydum:

"Bir gün çocuk sahibi olursam senin gibi olmak istiyorum!"

"Çevremdeki hemen herkesin çocuğunun kakası altından yapılmışken, altından yapmayanları da görmek iyi geldi."

Bazen de şöyle yorumlar aldım, alıyorum:

"Anne baba olmayı zaten istemiyorduk, seni okudukça bu fikirden iyice uzaklaşıyoruz, teşekkür ederiz."

"Sayende 'iyi ki çocuğum yok' diyorum, gerçeklerle yüzleştirdiğin için teşekkürler."

Ya da bana "Çocuk yapmamak için 10 neden" başlıklı yazılar yollayıp "Sen seversin." diyorlar.

Hayır sevmem.

Çünkü ben çocuk sahibi olmak veya olmamak için veya herhangi bir konuda başkalarının benim adıma fikir beyan etmesinden, popüler listeler yayınlamasından hoşlanmıyorum.

Çünkü -pişman olan olabilir, bu da çok normal bir duygu tıpkı diğer tüm duygular gibi- ben anne olduğum için pişman değilim. Bu hayatta başıma gelen en güzel şey, anne olmak. Ama en iyi yapabildiğim şey değil!

Anneyim, ama sadece anne değilim.

Mükemmel bir anne de değilim.

Ve bu yüzden suçluluk da hissetmiyorum. Daha doğrusu, hissettim ama geçti.

Ben de sonrasında gülmeyi ve akışına bırakmayı seçtim.

Sonrası, elinizde tuttuğunuz bu kitap.

Sonrası iyilik güzellik.

Eylül 2017